U0306336

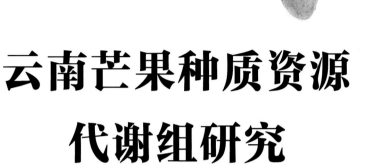

云南芒果种质资源
代谢组研究

—— 牛迎凤 柳 觐 穆洪军 等 著 ——

中国农业科学技术出版社

图书在版编目（CIP）数据

云南芒果种质资源代谢组研究／牛迎凤等著．--北京：中国农业科学技术出版社，2024.3

ISBN 978-7-5116-6742-7

Ⅰ.①云… Ⅱ.①牛… Ⅲ.①芒果-种质资源-研究-云南 Ⅳ.①S667.724

中国国家版本馆 CIP 数据核字（2024）第 065233 号

责任编辑 崔改泵
责任校对 李向荣
责任印制 姜义伟 王思文

出 版 者 中国农业科学技术出版社
　　　　　北京市中关村南大街 12 号　　邮编：100081
电　　话 (010) 82109194（编辑室）　(010) 82106624（发行部）
　　　　　(010) 82109709（读者服务部）
网　　址 https：//castp.caas.cn
经 销 者 各地新华书店
印 刷 者 北京建宏印刷有限公司
开　　本 185 mm×260 mm　1/16
印　　张 11.75
字　　数 300 千字
版　　次 2024 年 3 月第 1 版　2024 年 3 月第 1 次印刷
定　　价 120.00 元

◀━━ 版权所有·翻印必究 ━━▶

《云南芒果种质资源代谢组研究》
著者名单

主　著：牛迎凤　　柳　觐　　穆洪军

副主著：毛常丽　　李开雄　　赵兴东　　张国辉
　　　　李思祥

参　著：刘紫艳　　李陈万里　刘　妮　　龙青姨
　　　　郑　诚　　孔广红　　于静娟　　王勇方
　　　　刘世红　　殷振华　　邓乐晔　　白亚东
　　　　李小立　　廖苑君　　张兴梅　　叶　蕊
　　　　肖开应　　李高强　　徐　通

前　言

芒果（*Mangifera indica* L.）是一种热带水果，又称为杧果，属于漆树科（Anacardiaceae）芒果属（*Mangifera*），起源于印度、缅甸和马来西亚地区，现已在全球范围内广泛种植，主要产区包括印度、中国、泰国、巴基斯坦、菲律宾、印度尼西亚、墨西哥、巴西、尼日利亚等。芒果喜温暖湿润气候，对温度和湿度要求较高，适宜在年均温度 20～30℃、年降水量 1 000～2 500mm 的地区生长，对土壤要求不严格，但以排水良好、肥沃、疏松的土壤为佳。

芒果在中国的发展历史悠久，最早可追溯到公元 632—642 年，据传唐玄奘西行取经时从印度将芒果引入我国。然而，在长达 1 300 多年的历史中，芒果资源一直较为匮乏。直至 20 世纪 60 年代，随着芒果资源的广泛收集引进以及优良品种的选育和推广，中国的芒果产业才迎来了迅速发展壮大的时期。中国热带农业科学院、原华南热带农业大学、广西大学农学院、云南省农业科学院、云南省热带作物科学研究所等高校和科研单位近几十年来系统开展了芒果种质资源的评价工作，筛选出多份优异种质资源并广泛应用于生产，有效支撑了我国芒果产业的早期发展。如今，中国已成为世界上芒果主产国之一，主要分布在云南、海南、广东、广西、四川和福建等地。从 2022 年开始，云南已成为中国芒果种植面积最大的省份。

芒果不仅口感美味，还具有丰富的营养价值，富含维生素 A、维生素 C、维生素 E、钾、膳食纤维等，具有抗氧化、抗炎、降血脂等多种健康功能。其果实不仅可以生食，还可以制作果酱、果冻、果汁和用于烹饪。多用途性质使其在全球范围内成为最受欢迎的水果之一，不仅满足了人们对美味的追求，还丰富了饮食文化。同时，芒果产业为许多国家的农民提供了收入来源，在全球范围内发挥着重要的经济和营养价值。芒果品种繁多，据统计有上千种，且果实的形状、颜色、口感等特点存在较大变异。国内市场上常见的品种有贵妃、金煌、台农 1 号、三年芒、椰香、凯特等。

代谢组学是研究生物体内代谢物全面组成和动态变化的系统科学和多学科交叉的生物学分支。在农业研究中，通过生物体内代谢物的识别、定量等分析，可以深入了解作物的生理状态、响应环境变化的机制以及与产量和品质相关的代谢途径。这些信息对于优化作物管理、提高作物的抗逆性和改良作物品种具有重要意义。此外，代谢组学还有助于揭示作物对不同肥料和生长条件的反应，为农业生产提供科学依据。

芒果代谢组学研究的意义十分重大，它通过全面解析芒果中代谢产物的种类和含量，为深入理解芒果的生长发育、品质形成和应对环境胁迫等生物学过程提供了有力手段。代谢组学研究可揭示不同芒果品种代谢产物的积累情况，为优异芒果种质资源筛选和品种选育提供直接依据。

芒果中的代谢物种类繁多，包括糖类、蛋白质、脂肪、粗纤维、维生素、有机酸、多酚类化合物以及钙、磷、铁等矿物质，其中有机酸、糖、花青素这 3 类代谢物对芒果品质有重要影响，其含量及比例直接影响着芒果的营养价值和品质口感。无论是科研人员，还是普通消费者，都对不同品种芒果中有机酸、糖和花青素的含量非常感兴趣。首先，有机酸的含量测定对于芒果的风味和口感至关重要。柠檬酸、苹果酸等有机酸赋予芒果独特的酸味，不仅影响着果肉的口感，还是判断芒果成熟度和品质的重要标志。通过定量测定有机酸含量，可以更好地理解芒果的酸度特征，为优化采摘和储存时间提供科学依据，确保芒果在市场上保持最佳口感。其次，糖分的测定直接关系芒果的甜味和风味。葡萄糖、果糖等糖分不仅是芒果甜味的来源，也与果肉的口感和口感平衡密切相关。通过测定糖分含量，能够了解芒果的甜味水平，有助于选育更甜美的芒果品种，提高果实的风味和市场竞争力。最后，花青素是一类具有强烈色彩的天然色素，为芒果赋予独特的颜色。花青素不仅影响芒果的外观颜色，还与其抗氧化性能和营养价值密切相关。通过测定花青素含量，能够评估芒果的抗氧化活性，为选择营养更丰富的芒果品种提供参考。

本书选取了有机酸、糖、花青素这 3 类对芒果品质有重要影响的代谢物，通过靶向代谢组技术，测定了农业部芒果种质资源保护云南创新基地和云南省省级热带作物版纳种质资源圃保存的 70 份常见芒果种质中这 3 类代谢物的含量。研究内容既为芒果种质资源评价和优良品种选育提供了参考资料，也为不同人群了解芒果果实中的有机酸、糖、花青素含量提供了参考资料。

本书研究内容得到了国家自然科学基金项目（32160396）、云南省技术创新人才项目（202305AD160023）、农业农村部热带作物种质资源保护项目、云南省省级热带作物版纳种质资源圃项目、云南省热带作物科技创新体系建设项目等项目（课题）的支持。

在本书编写过程中，来自云南省热带作物科学研究所、元江哈尼族彝族傣族自治县农业技术推广服务中心、华坪县芒果产业发展中心、景谷傣族彝族自治县经作站的作者们共同负责了样品采集、含量测定、数据分析和书稿撰写等工作。

本书所有著者均本着实事求是、认真负责的原则撰写本书，但由于水平有限，书中难免会有疏漏，欢迎读者对书中疏漏之处批评指正。

著　者

2024 年 1 月

目　　录

第一部分　研究方法

第二部分　研究结果

第三部分　分　析

第一部分

研究方法

有机酸

一、简介

有机酸（Organic acids）是指一类具有酸性的有机化合物，最常见的有机酸是羧酸，此外亚磺酸、磺酸、硫羧酸等也属于有机酸。在动植物体中，除少数有机酸以游离状态存在外，一般以与钾、钠、钙等离子结合成盐或酯的形式存在。许多有机酸可直接参与生命活动过程中的生物化学反应，起着非常重要的作用。有些有机酸具有抑菌、抗病毒、抗癌等作用；有些能够软化血管，促进钙、铁元素的吸收；有些是代谢的中间产物；有些可帮助胃液消化脂肪和蛋白质；有些则具有预防疾病和促进新陈代谢作用，从而有益于人体健康。在园艺植物方面，有机酸积累量是衡量果实风味品质的一个重要指标。

二、实验方法

1. 代谢物信息

共检测有机酸类代谢物 65 种。

代谢物中文名称	代谢物简称	代谢物英文名称	CAS编号	代谢物分子式	相对分子质量
（R）-3-羟基丁酸	3-D-hydroxybutyric-acid	3-D-hydroxybutyric acid	625-72-9	$C_4H_8O_3$	104.105
齐墩果酸	oleanic-acid	oleanic acid	508-02-1	$C_{30}H_{48}O_3$	456.360 345 4
戊二酸	glutaric-acid	glutaric acid	110-94-1	$C_5H_8O_4$	132.115
4-羟基马尿酸	4-hydroxyhippuric-acid	4-hydroxyhippuric acid	2482-25-9	$C_9H_9NO_4$	195.172
乳酸	lactic-acid	lactic acid	50-21-5	$C_3H_6O_3$	90.077 9
对羟基苯乙酸	4-hydroxyphenylacetic-acid	4-hydroxyphenylacetic acid	156-38-7	$C_8H_8O_3$	152.147
2-羟基-3-甲基丁酸	2-hydroxyisovaleric-acid	2-hydroxyisovaleric acid	4026-18-0	$C_5H_{10}O_3$	118.131
犬尿氨酸	kynurenine	kynurenine	343-65-7	$C_{10}H_{12}N_2O_3$	208.214
肉桂酸	cinnamic-acid	cinnamic acid	621-82-9	$C_9H_8O_2$	148.159
3-吲哚乙酸	indolelactic-acid	indolelactic acid	1821-52-9	$C_{11}H_{11}NO_3$	205.21
苯乙酰甘氨酸	phenaceturic-acid	phenaceturic acid	500-98-1	$C_{10}H_{11}NO_3$	193.199
3-羟基异戊酸	3-hydroxyisovaleric-acid	3-hydroxyisovaleric acid	625-08-1	$C_5H_{10}O_3$	118.131

（续表）

代谢物中文名称	代谢物简称	代谢物英文名称	CAS编号	代谢物分子式	相对分子质量
5-羟基吲哚-3-乙酸	5-hydroxyindoleacetic-acid	5-hydroxyindoleacetic acid	54-16-0	$C_{10}H_9NO_3$	191.183
乙基丙二酸	ethylmalonic-acid	ethylmalonic acid	601-75-2	$C_5H_8O_4$	132.115
吲哚-3-乙酸	indole-3-acetic-acid	indole-3-acetic acid	87-51-4	$C_{10}H_9NO_2$	175.184
山楂酸	maslinic-acid	maslinic acid	4373-41-5	$C_{30}H_{48}O_4$	472.355 26
苯甲酸	benzoic-acid	benzoic acid	65-85-0	$C_7H_6O_2$	122.121
3-（3-羟基苯基）-3-羟基丙酸	3-Hydroxyphenyl-hydracrylic-acid	3-hydroxyphenyl-hydracrylic acid	3247-75-4	$C_9H_{10}O_4$	182.173
3-羟基马尿酸	3-hydroxyhippuric-acid	3-hydroxyhippuric acid	1637-75-8	$C_9H_9NO_4$	195.172
马尿酸	hippuric-acid	hippuric acid	495-69-2	$C_9H_9NO_3$	179.173
乙酰丙酸	levulinic-acid	levulinic acid	123-76-2	$C_5H_8O_3$	116.115
甲基丙二酸	methylmalonic-acid	methylmalonic acid	516-05-2	$C_4H_6O_4$	118.088
新绿原酸	neochlorogenic-acid	neochlorogenic acid	906-33-2	$C_{16}H_{18}O_9$	354.309
吲哚-2-羧酸	2-indolecarboxylic-acid	2-indolecarboxylic acid	1477-50-5	$C_9H_7NO_2$	161.157
甲基丁二酸	2-methylsuccinic-acid	2-methylsuccinic acid	498-21-5	$C_5H_8O_4$	132.115
3,4-二羟基苯乙酸	3,4-dihydroxyphenylacetic-acid	3,4-dihydroxyphenylacetic acid	102-32-9	$C_8H_8O_4$	168.147
氢化肉桂酸	benzenepropanoic-acid	benzenepropanoic acid	501-52-0	$C_9H_{10}O_2$	150.174
鼠尾草酸	carnosic-acid	carnosic acid	3650-09-7	$C_{20}H_{28}O_4$	332.434
柠康酸	crtraconic-acid	crtraconic acid	498-23-7	$C_5H_6O_4$	130.099
隐绿原酸	cryptochlorogenic-acid	cryptochlorogenic acid	905-99-7	$C_{16}H_{18}O_9$	354.309
3-羟基苯乙酸	3-hydroxyphenylacetic-acid	3-hydroxyphenylacetic acid	621-37-4	$C_8H_8O_3$	152.147
高香草酸	homovanillic-acid	homovanillic acid	306-08-1	$C_9H_{10}O_4$	182.173
3-羟基-3-甲基谷氨酸	3-hydroxymethylglutaric-acid	3-hydroxymethylglutaric acid	503-49-1	$C_6H_{10}O_5$	162.141
反式-乌头酸	trans-aconitic-acid	trans-aconitic acid	4023-65-8	$C_6H_6O_6$	174.108
L-苹果酸	L-malic-acid	L-malic acid	97-67-6	$C_4H_6O_5$	134.087
己二酸	adipic-acid	adipic acid	124-04-9	$C_6H_{10}O_4$	146.141
邻氨基苯甲酸	aminobenzoic-acid	aminobenzoic acid	118-92-3	$C_7H_7NO_2$	137.136
壬二酸	azelaic-acid	azelaic acid	123-99-9	$C_9H_{16}O_4$	188.221
顺式-乌头酸	cis-aconitic-acid	cis-aconitic acid	585-84-2	$C_6H_6O_6$	174.108
富马酸	fumaric-acid	fumaric acid	110-17-8	$C_4H_4O_4$	116.072
3-（4-羟基苯基）乳酸	hydroxyphenyllactic-acid	hydroxyphenyllactic acid	306-23-0	$C_9H_{10}O_4$	182.173
α-酮戊二酸	oxoglutaric-acid	oxoglutaric acid	328-50-7	$C_5H_6O_5$	146.098
泛酸	pantothenic-acid	pantothenic acid	79-83-4	$C_9H_{17}NO_5$	219.235

（续表）

代谢物中文名称	代谢物简称	代谢物英文名称	CAS编号	代谢物分子式	相对分子质量
L-焦谷氨酸	pyroglutamic-acid	pyroglutamic acid	98-79-3	$C_5H_7NO_3$	129.114
水杨酸	salicylic-acid	salicylic acid	69-72-7	$C_7H_6O_3$	138.121
辛二酸	suberic-acid	suberic acid	505-48-6	$C_8H_{14}O_4$	174.194
琥珀酸	succinic-acid	succinic acid	110-15-6	$C_4H_6O_4$	118.088
酒石酸	tartaric-acid	tartaric acid	147-71-7	$C_4H_6O_6$	150.087
2-羟基-2-甲基丁酸	2-hydroxy-2-methylbutyric-acid	2-hydroxy-2-methylbutyric acid	3739-30-8	$C_5H_{10}O_3$	118.131
4-氨基丁酸	4-aminobutyric-acid	4-aminobutyric acid	56-12-2	$C_4H_9NO_2$	103.12
4-香豆酸	4-coumaric-acid	4-coumaric acid	501-98-4	$C_9H_8O_3$	164.158
对羟基苯甲酸	4-hydroxybenzoic-acid	4-hydroxybenzoic acid	99-96-7	$C_7H_6O_3$	138.121
咖啡酸	caffeic-acid	caffeic acid	331-39-5	$C_9H_8O_4$	180.157
阿魏酸	ferulic-acid	ferulic acid	1135-24-6	$C_{10}H_{10}O_4$	194.184
没食子酸	gallic-acid	gallic acid	149-91-7	$C_7H_6O_5$	170.12
丙酮酸	pyruvic-acid	pyruvic acid	127-17-3	$C_3H_4O_3$	88.0621
莽草酸	shikimic-acid	shikimic acid	138-59-0	$C_7H_{10}O_5$	174.151
牛磺酸	taurine	taurine	107-35-7	$C_2H_7NO_3S$	125.147
DL-3-苯基乳酸	3-phenyllactic-acid	3-phenyllactic acid	828-01-3	$C_9H_{10}O_3$	166.174
3-甲基己二酸	3-methyladipic-acid	3-methyladipic acid	3058-01-3	$C_7H_{12}O_4$	160.168
邻羟基苯乙酸	2-hydroxyphenylacetic-acid	2-hydroxyphenylacetic acid	614-75-5	$C_8H_8O_3$	152.147
5-羟甲基-2-呋喃甲酸	5-hydroxymethyl-2-furoic-acid	5-hydroxymethyl-2-furoic acid	6338-41-6	$C_6H_6O_4$	142.109
癸二酸	sebacic-acid	sebacic acid	111-20-6	$C_{10}H_{18}O_4$	202.248
氯氨酮	kynurenic-acid	kynurenic acid	492-27-3	$C_{10}H_7NO_3$	189.167
马来酸	maleic-acid	maleic acid	110-16-7	$C_4H_4O_4$	116.072

2. 试剂与仪器

（1）仪器信息

仪器	型号	品牌
LC-MS/MS	QTRAP®6500+	SCIEX
离心机	5424R	Eppendorf
电子天平	AS 60/220. R2	RADWAG
多管涡旋振荡器	MIX-200	上海净信实业发展有限公司
超声清洗仪	KQ5200E	昆山舒美超声仪器有限公司

（2）标准品及试剂信息

试剂	级别	品牌
甲醇	色谱纯	Merck
乙腈	色谱纯	Merck
甲酸	色谱纯	Sigma-Aldrich
标准品	大于99%	Sigma-Aldrich/甄准等（甲醇配制，1mg/mL）

3. 样本前处理

（1）称量样本 50 mg（±2.5 mg）到 2 mL 离心管中，记录每个样本的质量；

（2）向样本中立即加入 500 μL 的 -20 ℃ 预冷的 70% 甲醇水提取液，涡旋 3 min；

（3）在 4 ℃ 条件下，12 000 r/min 离心 10 min，吸取上清液 300 μL 到 1.5 mL 离心管中；

（4）-20 ℃ 冰箱静置 30 min，在 4 ℃、12 000 r/min 再离心 10 min；

（5）移取 200 μL 上清液至进样小瓶中，置于 -20 ℃ 保存。

4. 色谱质谱采集条件

（1）数据采集仪器系统主要包括：

1）超高效液相色谱（Ultra Performance Liquid Chromatography，UPLC）（ExionLC™ AD，https：//sciex. com. cn/）；

2）串联质谱（Tandem Mass Spectrometry，MS/MS）（QTRAP®6500+，https：//sci-ex. com. cn/）。

（2）液相条件主要包括：

1）色谱柱：ACQUITY HSS T3 柱（1.8 μm，100 mm×2.1 mm i. d. ）；

2）流动相：A 相，超纯水（0.05% 甲酸）；B 相，乙腈（0.05% 甲酸）；

3）梯度洗脱程序：0min A/B 为 95：5（V/V），8~9.5 min A/B 为 5：95（V/V），9.6~12 min A/B 为 95：5（V/V）；

4）流速 0.35 mL/min，柱温 40 ℃，进样量 2 μL。

（3）质谱条件主要包括：

电喷雾离子源（Electrospray Ionization，ESI）温度 550 ℃，正离子模式下质谱电压 5 500 V，负离子模式下质谱电压 -4 500 V，气帘气（Curtain Gas，CUR）35 psi。在 Q-Trap 6500+中，每个离子对是根据优化的去簇电压（declustering potential，DP）和碰撞能（collision energy，CE）进行扫描检测。

5. 定性与定量原理

基于标准品构建 MWDB（Metware Database）数据库，对质谱检测的数据进行定性分析。

定量是利用三重四级杆质谱的多反应监测模式（Multiple Reaction Monitoring，MRM）分析完成。MRM 模式中，四级杆首先筛选目标物质的前体离子（母离子），排除掉其他分子量物质对应的离子以初步排除干扰；前体离子经碰撞室诱导电离后，断裂形成多个碎片离子，碎片离子再通过三重四级杆过滤选择出所需要的特征碎片离子，排除非目标离子干扰，使定量更为精确，重复性更好。获得不同样本的质谱分析数据后，对所有目标物的色谱峰进行积分，通过标准曲线进行定量分析。

三、数据结果评估

1. 数据预处理

采用 Analyst 1.6.3 和 MultiQuant 3.0.3 软件处理质谱数据，参考标准品的保留时间与峰型信息，对待测物在不同样本中检测到的色谱峰进行积分校正，以确保定性定量的准确。

2. 标准曲线

配制 0.01 ng/mL、0.02 ng/mL、0.05 ng/mL、0.1 ng/mL、0.2 ng/mL、0.5 ng/mL、1.0 ng/mL、2.0 ng/mL、5.0 ng/mL、10 ng/mL、20 ng/mL、50 ng/mL、100 ng/mL、200 ng/mL、500 ng/mL、1 000 ng/mL、5 000 ng/mL、10 000 ng/mL 等不同浓度的标准品溶液，获取各个浓度标准品对应的质谱峰强度数据；以外标浓度（Concentration）为横坐标，外标峰面积（Area）为纵坐标，绘制不同物质的标准曲线。本项目所检测物质的标准曲线线性方程及相关系数见下表。

代谢物中文名称	保留时间（min）	线性方程	相关系数	权重	定量下限（ng/mL）	定量上限（ng/mL）
（R）-3-羟基丁酸	1.64	$y=7\,123.267\,33\,x+7.694\,63E+04$	0.997 97	$1/x$	50	2 000
齐墩果酸	9.35	$y=3\,121.196\,55\,x+198.634\,36$	0.999 11	$1/x$	50	10 000
戊二酸	2.06	$y=2\,932.626\,07\,x-8\,022.030\,79$	0.999 88	$1/x$	200	10 000
4-羟基马尿酸	2.45	$y=28\,074.132\,91\,x+779.329\,12$	0.998 54	$1/x$	2	2 000
乳酸	1.34	$y=1\,625.656\,55\,x+1.199\,58E+05$	0.995 50	$1/x$	20	2 000
对羟基苯乙酸	3.10	$y=6\,368.440\,82\,x+3.765\,43E+04$	0.995 15	$1/x$	50	2 000
2-羟基-3-甲基丁酸	2.66	$y=23\,471.263\,95\,x+5\,644.729\,78$	0.998 82	$1/x$	1	1 000
犬尿氨酸	2.13	$y=6\,953.491\,62\,x+9\,764.802\,28$	0.998 03	$1/x$	20	5 000
肉桂酸	4.83	$y=4.052\,69E+04\,x+1\,317.501\,85$	0.998 82	$1/x$	1	2 000
3-吲哚乙酸	3.83	$y=24\,380.759\,47\,x+999.068\,06$	0.999 80	$1/x$	1	10 000
苯乙酰甘氨酸	3.41	$y=5.070\,62E+04\,x-2\,294.555\,73$	0.999 64	$1/x$	1	2 000
3-羟基异戊酸	2.19	$y=6\,031.663\,98\,x+7\,831.716\,21$	0.999 32	$1/x$	5	2 000
5-羟基吲哚-3-乙酸	3.00	$y=6.675\,50E+04\,x-1\,088.558\,59$	0.997 44	$1/x$	0.5	2 000
乙基丙二酸	2.42	$y=3\,072.939\,04\,x+10\,069.185\,53$	0.991 78	$1/x$	200	10 000
吲哚-3-乙酸	4.26	$y=1.042\,22E+06\,x+12\,494.199\,90$	0.998 79	$1/x$	0.05	200
山楂酸	7.90	$y=47.012\,78\,x+3\,945.426\,18$	0.994 96	$1/x$	50	2 000
苯甲酸	4.20	$y=1\,640.592\,93\,x+3.115\,97E+04$	0.999 83	$1/x$	20	10 000

（续表）

代谢物中文名称	保留时间（min）	线性方程	相关系数	权重	定量下限（ng/mL）	定量上限（ng/mL）
3-（3-羟基苯基）-3-羟基丙酸	2.75	$y = 27\ 129.445\ 15\ x + 1\ 870.092\ 32$	0.999 45	$1/x$	0.5	2 000
3-羟基马尿酸	2.64	$y = 8.977\ 91E+04\ x - 1\ 291.134\ 76$	0.999 89	$1/x$	0.5	2 000
马尿酸	3.17	$y = 23\ 911.047\ 61\ x + 3.645\ 95E+04$	0.995 29	$1/x$	2	2 000
乙酰丙酸	2.09	$y = 2\ 048.763\ 50\ x + 2.283\ 37E+05$	0.996 22	$1/x$	200	10 000
甲基丙二酸	1.74	$y = 6\ 651.936\ 23\ x - 1\ 361.176\ 77$	0.998 42	$1/x$	10	10 000
新绿原酸	2.50	$y = 5.300\ 29E+04\ x - 1\ 544.520\ 16$	0.998 65	$1/x$	0.5	5 000
吲哚-2-羧酸	4.70	$y = 23\ 358.686\ 78\ x + 1\ 714.840\ 34$	0.999 45	$1/x$	5	5 000
甲基丁二酸	2.33	$y = 13\ 034.577\ 86\ x + 3.059\ 79E+05$	0.993 50	$1/x$	50	2 000
3,4-二羟基苯乙酸	2.66	$y = 101.445\ 87\ x + 25\ 440.311\ 34$	0.992 52	$1/x$	100	2 000
氢化肉桂酸	4.80	$y = 670.235\ 86\ x + 9\ 288.269\ 49$	0.995 58	$1/x$	50	5 000
鼠尾草酸	7.93	$y = 199.749\ 71\ x + 880.959\ 52$	0.996 76	$1/x$	20	10 000
柠康酸	1.96	$y = 2\ 547.659\ 05\ x + 8\ 966.244\ 96$	0.992 75	$1/x$	50	10 000
隐绿原酸	2.83	$y = 12\ 073.817\ 94\ x - 9\ 191.755\ 43$	0.996 61	$1/x$	2	10 000
3-羟基苯乙酸	3.30	$y = 793.990\ 74\ x + 13\ 664.573\ 14$	0.997 39	$1/x$	100	2 000
高香草酸	3.26	$y = 954.408\ 62\ x + 2.099\ 24E+05$	0.996 81	$1/x$	200	10 000
3-羟基-3-甲基谷氨酸	1.74	$y = 6\ 565.461\ 19\ x + 2\ 325.585\ 09$	0.996 24	$1/x$	5	2 000
反式-乌头酸	1.67	$y = 2\ 122.214\ 95\ x - 7.186\ 03E+04$	0.995 65	$1/x$	200	10 000
L-苹果酸	0.87	$y = 1\ 360.788\ 79\ x - 801.068\ 97$	0.993 25	$1/x$	20	5 000
己二酸	2.55	$y = 7\ 204.427\ 00\ x + 8.814\ 46E+04$	0.996 50	$1/x$	2	10 000
邻氨基苯甲酸	3.74	$y = 2.646\ 18E+05\ x + 9\ 927.807\ 82$	0.999 91	$1/x$	0.5	1 000
壬二酸	4.02	$y = 5.401\ 99E+04\ x + 1.582\ 07E+06$	0.998 78	$1/x$	2	5 000
顺式-乌头酸	1.50	$y = 2\ 235.908\ 89\ x - 1.362\ 04E+06$	0.994 14	$1/x$	500	10 000
富马酸	1.50	$y = 5\ 814.108\ 98\ x + 16\ 711.460\ 66$	0.991 32	$1/x$	200	5 000
3-（4-羟基苯基）乳酸	2.68	$y = 26\ 488.222\ 00\ x + 6\ 267.478\ 63$	0.998 49	$1/x$	1	2 000
α-酮戊二酸	1.32	$y = 1\ 770.328\ 29\ x - 1.207\ 30E+05$	0.996 78	$1/x$	500	10 000
泛酸	2.29	$y = 15\ 970.360\ 61\ x + 4\ 204.300\ 34$	0.999 15	$1/x$	1	10 000
L-焦谷氨酸	1.41	$y = 2.461\ 66E+05\ x + 7.381\ 21E+04$	0.997 16	$1/x$	0.5	500
水杨酸	4.34	$y = 1.623\ 93E+05\ x + 2.277\ 28E+05$	0.999 41	$1/x$	1	2 000
辛二酸	3.55	$y = 28\ 048.365\ 67\ x + 3.070\ 09E+05$	0.996 86	$1/x$	1	2 000
琥珀酸	1.58	$y = 13\ 945.331\ 33\ x + 6.646\ 36E+04$	0.999 24	$1/x$	2	5 000
酒石酸	0.86	$y = 533.894\ 02\ x - 3.459\ 14E+05$	0.992 87	$1/x$	500	10 000
2-羟基-2-甲基丁酸	2.48	$y = 9\ 036.240\ 09\ x + 3\ 253.145\ 99$	0.997 82	$1/x$	2	2 000
4-氨基丁酸	0.74	$y = 23\ 300.935\ 10\ x + 493.572\ 49$	0.999 56	$1/x$	2	5 000
4-香豆酸	3.60	$y = 7.809\ 93E+04\ x + 11\ 281.946\ 60$	0.998 39	$1/x$	2	2 000
对羟基苯甲酸	3.01	$y = 4.528\ 08E+04\ x + 6.060\ 12E+04$	0.999 25	$1/x$	2	2 000

（续表）

代谢物中文名称	保留时间（min）	线性方程	相关系数	权重	定量下限（ng/mL）	定量上限（ng/mL）
咖啡酸	3.14	$y = 7.99953E{+}04\,x{+}27\,370.945\,41$	0.998 32	$1/x$	5	5 000
阿魏酸	3.75	$y = 19\,894.005\,25\,x{+}1\,209.186\,55$	0.999 51	$1/x$	1	10 000
没食子酸	1.99	$y = 2.066\,32E{+}05\,x{+}3\,222.293\,33$	0.999 38	$1/x$	0.2	2 000
丙酮酸	0.96	$y = 1\,726.820\,96\,x{+}8.625\,75E{+}04$	0.998 18	$1/x$	200	10 000
莽草酸	0.86	$y = 2\,195.158\,10\,x{+}6\,089.871\,77$	0.995 73	$1/x$	2	2 000
牛磺酸	0.76	$y = 3.262\,89E{+}04\,x{+}5\,043.302\,35$	0.998 55	$1/x$	0.5	2 000
DL-3-苯基乳酸	3.72	$y = 5\,751.645\,39\,x{+}14\,418.564\,93$	0.997 06	$1/x$	5	10 000
3-甲基己二酸	3.05	$y = 1.014\,35E{+}05\,x{+}2.454\,72E{+}05$	0.996 25	$1/x$	5	2 000
邻羟基苯乙酸	3.53	$y = 5.966\,44E{+}04\,x{+}3.602\,61E{+}04$	0.998 78	$1/x$	5	2 000
5-羟甲基-2-呋喃甲酸	2.21	$y = 10\,553.571\,79\,x{+}8\,214.427\,76$	0.998 93	$1/x$	2	2 000
癸二酸	4.48	$y = 1.553\,02E{+}05\,x{+}4.351\,89E{+}06$	0.996 92	$1/x$	2	2 000
氯氨酮	2.73	$y = 3.290\,09E{+}05\,x{-}7\,111.918\,85$	0.999 78	$1/x$	0.5	1 000
马来酸	1.41	$y = 10\,381.832\,37\,x{-}3.588\,50E{+}04$	0.998 65	$1/x$	50	10 000

3. 样本含量

将检测到的所有样本的积分峰面积代入标准曲线线性方程进行计算，进一步代入计算公式计算后，最终得到实际样本中该物质的含量数据。注意：计算公式已进行单位换算，直接将对应数值代入即可得到样本含量。

样本中各物质的含量（ng/g）$= c \cdot V/(1\,000m)$

公式中各字母含义：

c——样本中积分峰面积代入标准曲线得到的浓度值（ng/mL）；

V——提取时所用溶液的体积（μL）；

m——称取的样本质量（g）。

参考文献

Cao B, Aa J, Wang G, et al., 2011. GC-TOFMS analysis of metabolites in adherent MDCK cells and a novel strategy for identifying intracellular metabolic markers for use as cell amount indicators in data normalization. Analytical and bioanalytical chemistry, 400 (9): 2983-2993.

Hrh A, Dph A, Aj A, et al., 2019. Metabolomics dataset of underutilized Indonesian fruits: rambai (*Baccaurea motleyana*), nangkadak (*Artocarpus nangkadak*), rambutan (*Nephelium lappaceum*) and Sidempuan salak (*Salacca sumatrana*) using GCMS and LCMS - ScienceDirect. Data in Brief, 23: 10370.

Iyer V V, Ovacik M A, Androulakis I P, et al., 2010. Transcriptional and metabolic flux profiling of triadimefon effects on cultured hepatocytes. Toxicology and applied pharmacology, 248 (3): 165-177.

Munger J, Bajad S U, Coller H A, et al., 2006. Dynamics of the cellular metabolome during human cytomegalovirus infection. PLoS pathogens, 2 (12): e132.

Ramasamy S, Nakayama T, Yu M, et al., 2021. Nitrate radical, ozone and hydroxyl radical initiated aging of limonene secondary organic aerosol. Atmospheric Environment: 100102.

Trammell SA, Brenner C., 2013. Targeted, LCMS－based Metabolomics for Quantitative Measurement of NAD（＋）Metabolites. Computational and Structural Biotechnology Journal, 4（5）: e201301012.

Zheng H, Zhang Q, Quan J, et al., 2016. Determination of sugars, organic acids, aroma components, and carotenoids in grapefruit pulps. Food Chemistry, 205: 112-121.

糖

一、简介

糖类是多羟基醛或酮类及水解后能生成多羟基醛或酮的一类化合物，由碳、氢、氧 3 种元素组成。地球上生物量干重的 50% 以上是由糖的聚合物构成，糖类物质按干重占植物的 85%~90%。糖类不仅是生命体的基本组成部分和重要营养物质，还参与众多生物体的生命活动，在细胞识别、免疫保护、代谢调节、受精机制、形态发生、发育、癌变、衰老等方面具有重要作用，糖分析是研究其在生命体中转化和生理作用的前提和重要手段。

二、实验方法

1. 代谢物信息

共检测糖类代谢物 32 种。

代谢物中文名称	代谢物简称	代谢物英文名称	CAS编号	代谢物中文类别	代谢物英文类别	代谢物分子式	相对分子质量
苯基-β-D-吡喃葡萄糖苷	Phe	Phenylglucoside	1464-44-4	二糖	disaccharide	$C_{12}H_{16}O_6$	256.094 69
D-纤维二糖	Cel	Cellobiose	528-50-7	二糖	disaccharide	$C_{12}H_{22}O_{11}$	342.116 215
海藻糖	Tre	Trehalose	99-20-7	二糖	disaccharide	$C_{12}H_{22}O_{11}$	342.116 215
蔗糖	Suc	Sucrose	57-50-1	二糖	disaccharide	$C_{12}H_{22}O_{11}$	342.116 215
麦芽糖	Mal	Maltose	69-79-4	二糖	disaccharide	$C_{12}H_{22}O_{11}$	342.116 215
乳糖	Lac	Lactose	63-42-3	二糖	disaccharide	$C_{12}H_{22}O_{11}$	342.116 215
2-脱氧-D-葡萄糖	Deo	Deoxyglucose	154-17-6	单糖	monosaccharide	$C_6H_{12}O_5$	164.068 475
2-脱氧-D-核糖	2-Deo-ribose	2-Deoxy-D-ribose	533-67-5	单糖	monosaccharide	$C_5H_{10}O_4$	134.057 91
D-甘露糖	Man	D-Mannose	3458-28-4	单糖	monosaccharide	$C_6H_{12}O_6$	180.063 39
D-核糖	Ribose	D-Ribose	50-69-1	单糖	monosaccharide	$C_5H_{10}O_5$	150.052 825

（续表）

代谢物中文名称	代谢物简称	代谢物英文名称	CAS编号	代谢物中文类别	代谢物英文类别	代谢物分子式	相对分子质量
D-（+）-核糖酸-1,4-内酯	Ribono-1-4-lactone	D-Ribono-1,4-lactone	5336-08-3	单糖	monosaccharide	$C_5H_8O_5$	148.037 175
D-木酮糖	Xylulose	D-Xylulose	551-84-8	单糖	monosaccharide	$C_5H_{10}O_5$	150.052 825
D-木糖	Xylose	D-Xylose	58-86-6	单糖	monosaccharide	$C_5H_{10}O_5$	150.052 825
木糖醇	Xylitol	Xylitol	87-99-0	单糖	monosaccharide	$C_5H_{12}O_5$	152.068 475
D-山梨醇	Sorbitol	D-Sorbitol	50-70-4	单糖	monosaccharide	$C_6H_{14}O_6$	182.079 04
D-核糖-5-磷酸钡盐	Ribose-5-pho-Ba	Barium D-ribose-5-phosphate	15673-79-7	单糖	monosaccharide	$C_5H_9BaO_8P$	228.003 507
1,5-酐-D-山梨糖醇	1-5-Anh	1,5-Anhydroglucitol	154-58-5	单糖	monosaccharide	$C_6H_{12}O_5$	164.068 475
D-甘露糖-6-磷酸钠	Man-6-pho	D-Mannose-6-phosphate sodium salt	70442-25-0	单糖	monosaccharide	$C_6H_{12}NaO_9P$	273.024 971
1,6-脱水-β-D-葡萄糖	Lev	Levoglucosan	498-07-7	单糖	monosaccharide	$C_6H_{10}O_5$	162.052 825
肌醇	Inositol	Inositol	87-89-8	单糖	monosaccharide	$C_6H_{12}O_6$	180.063 39
D-葡萄糖醛酸	Glucuronic-A	D-Glucuronic acid	6556-12-3	单糖	monosaccharide	$C_6H_{10}O_7$	194.042 655
葡萄糖	Glu	Glucose	50-99-7	单糖	monosaccharide	$C_6H_{12}O_6$	180.063 39
D-半乳糖醛酸	Gal-A	D-Galacturonic acid	685-73-4	单糖	monosaccharide	$C_6H_{10}O_7$	194.042 655
D-半乳糖	Gal	D-Galactose	59-23-4	单糖	monosaccharide	$C_6H_{12}O_6$	180.063 39
L-岩藻糖	Fuc	L-Fucose	2438-80-4	单糖	monosaccharide	$C_6H_{12}O_5$	164.068 475
D-果糖	Fru	D-Fructose	7660-25-5	单糖	monosaccharide	$C_6H_{12}O_6$	180.063 39
D-阿拉伯糖	D-Ara	D-Arabinose	10323-20-3	单糖	monosaccharide	$C_5H_{10}O_5$	150.052 825
阿拉伯糖醇	Arabinitol	D-Arabinitol	488-82-4	单糖	monosaccharide	$C_5H_{12}O_5$	152.068 475
N-乙酰氨基葡萄糖	2-Ace-2-Deo-D-Glucosamine	2-Acetamido-2-deoxy-D-glucopyranose	7512-17-6	单糖	monosaccharide	$C_8H_{15}NO_6$	221.089 939
甲基β-D-吡喃半乳糖苷	Met	Methyl beta-D-galactopyranoside	1824-94-8	单糖	monosaccharide	$C_7H_{14}O_6$	194.079 04
L-鼠李糖	Rha	L-Rhamnose	3615-41-6	单糖	monosaccharide	$C_6H_{12}O_5$	164.068 475
棉子糖	Raffinose	Raffinose	512-69-6	三糖	trisaccharide	$C_{18}H_{32}O_{16}$	504.169 04

2. 试剂与仪器

（1）仪器信息

仪器	型号	品牌
GC-MS	8890-5977B	Agilent
离心机	5424R	Eppendorf
球磨仪	MM400	Retsch
电子天平	AS 60/220. R2	RADWAG
冷冻干燥机	CentriVap	LABCONCO
多管涡旋振荡器	MIX-200	上海净信实业发展有限公司
超声清洗仪	KQ5200E	昆山舒美超声仪器有限公司
烘箱	DHG-9055A	上海合恒仪器设备有限公司
氮吹仪	XD-DCY-24Y	上海析达仪器有限公司

（2）标准品及试剂信息

试剂	级别	品牌
甲醇	色谱纯	Merck
BSTFA（with 1%TMCS）	99%	aladdin
甲氧胺盐	99%	Sigma-Aldrich
吡啶	99%	Sigma-Aldrich
正己烷	色谱纯	CNW
异丙醇	色谱纯	Merck
标准品	色谱纯	CNW/IsoReag/TCI（甲醇配制，2 mg/mL）

3. 样本前处理

（1）样本真空冷冻干燥后球磨仪研磨（30 Hz，1.5 min）至粉末状，称取 20 mg 的粉末于对应编号离心管中；

（2）向样本中加入 500 μL 甲醇：异丙醇：水（3：3：2，V/V/V）提取液，涡旋 3 min，4 ℃ 水浴超声 30 min；

（3）4 ℃、12 000 r/min 离心 3 min，吸取 50 μL 上清液，加入 20 μL 浓度为 1 000 μg/mL 的内标溶液，氮吹并冻干机冻干；

（4）加入 100 μL 甲氧铵盐吡啶（15 mg/mL），37 ℃ 孵育 2 h，随后加入 BSTFA 100 μL，37 ℃ 孵育 30 min，得到衍生化溶液；

（5）移取 50 μL 衍生化溶液，加入正己烷稀释至 1 mL，0.22 μm 滤膜过滤，滤液保存于棕色进样瓶中，用于 GC-MS 分析。

4. 色谱质谱采集条件

质谱条件	参数
进样量	1 μL
分流模式	5∶1
载气	氦气
色谱柱	DB-5MS（30 m×0.25 mm×0.25 μm）
柱流速	1 mL/min
柱箱升温程序	保持 1 min、160 ℃，按 6 ℃/min 升至 200 ℃，按 10 ℃/min 升至 270 ℃，按 20 ℃/min 升至 320 ℃并保持 5.5 min
传输线温度	280 ℃
离子源温度	230 ℃
四级杆温度	150 ℃
电离电压	70 eV

5. 定性与定量原理

糖检测中质谱扫描模式为选择离子监测模式（SIM），样品分子离子化后，只有选定的目标离子可以通过四级杆到达检测器而被检测到，而其他离子不能通过四极杆到达检测器。选择离子监测模式可以有效去除基质干扰，可获得较高灵敏度。

三、数据结果评估

1. 定性定量分析

利用定性定量软件进行数据处理。

2. 标准曲线

配制 0.001 μg/mL、0.002 μg/mL、0.005 μg/mL、0.01 μg/mL、0.02 μg/mL、0.05 μg/mL、0.1 μg/mL、0.2 μg/mL、0.5 μg/mL、1.0 μg/mL、2.0 μg/mL、5.0 μg/mL、10 μg/mL、20 μg/mL、50 μg/mL 不同浓度的标准品溶液，获取各个浓度标准品的对应定量信号的质谱峰强度数据；以外标与内标浓度比（Concentration Ratio）为横坐标，外标与内标峰面积比（Area Ratio）为纵坐标，绘制不同物质的标准曲线。本项目所检测物质的标准曲线线性方程及决定系数见下表。

代谢物中文名称	代谢物类别	保留时间（min）	线性方程	决定系数	权重	定量下限（μg/mL）	定量上限（μg/mL）
苯基-β-D-吡喃葡萄糖苷	二糖	12.969	$y = 0.300\,317\,x - 1.421\,588E\text{-}04$	0.998 025 461	$1/x$	0.004	5
D-纤维二糖	二糖	16.261	$y = 0.174\,779\,x - 1.376\,677E\text{-}04$	0.996 526 74	$1/x$	0.015	25
海藻糖	二糖	16.64	$y = 0.665\,614\,x - 4.340\,073E\text{-}04$	0.995 265 68	$1/x$	0.003	25

（续表）

代谢物中文名称	代谢物类别	保留时间（min）	线性方程	决定系数	权重	定量下限（μg/mL）	定量上限（μg/mL）
蔗糖	二糖	15.692	$y = 1.169\,284\,x - 0.050\,352$	0.995 389 895	$1/x$	0.007	50
麦芽糖	二糖	16.558	$y = 0.134\,118\,x - 9.534\,913E{-}05$	0.994 693 951	$1/x$	0.029	25
乳糖	二糖	16.123	$y = 0.059\,042\,x - 3.563\,559E{-}05$	0.998 432 646	$1/x$	0.019	5
2-脱氧-D-葡萄糖	单糖	6.876	$y = 0.165\,749\,x - 7.164\,092E{-}05$	0.998 304 595	$1/x$	0.032	5
2-脱氧-D-核糖	单糖	4.279	$y = 0.247\,662\,x - 1.477\,446E{-}04$	0.996 832 726	$1/x$	0.029	5
D-甘露糖	单糖	8.125	$y = 0.334\,690\,x - 2.543\,928E{-}04$	0.995 482 93	$1/x$	0.008	5
D-核糖	单糖	5.342	$y = 0.846\,186\,x + 0.001\,415$	0.998 330 492	$1/x$	0.021	5
D-(+)-核糖酸-1,4-内酯	单糖	5.489	$y = 0.195\,942\,x - 9.969\,538E{-}05$	0.998 849 475	$1/x$	0.100	5
D-木酮糖	单糖	5.343	$y = 1.113\,054\,x + 0.003\,172$	0.999 607 55	$1/x$	0.021	5
D-木糖	单糖	5.116	$y = 0.531\,148\,x - 3.943\,688E{-}04$	0.994 231 915	$1/x$	0.009	5
木糖醇	单糖	5.705	$y = 1.111\,164\,x - 6.606\,738E{-}04$	0.999 488 888	$1/x$	0.010	5
D-山梨醇	单糖	8.771	$y = 3.062\,467\,x + 0.001\,048$	0.996 081 787	$1/x$	0.007	50
D-核糖-5-磷酸钡盐	单糖	10.905	$y = 0.015\,811\,x - 7.018\,701E{-}06$	0.999 240 591	$1/x$	0.074	5
1,5-酐-D-山梨糖醇	单糖	7.733	$y = 0.554\,073\,x - 4.428\,458E{-}04$	0.996 424 517	$1/x$	0.027	5
D-甘露糖-6-磷酸钠	单糖	12.893	$y = 0.005\,422\,x - 8.322\,202E{-}06$	0.998 512 359	$1/x$	0.023	5
1,6-脱水-β-D-葡萄糖	单糖	5.811	$y = 0.198\,994\,x - 1.515\,491E{-}04$	0.998 703 948	$1/x$	0.021	5
肌醇	单糖	10.639	$y = 0.782\,911\,x - 7.270\,781E{-}04$	0.997 810 605	$1/x$	0.013	25
D-葡萄糖醛酸	单糖	8.772	$y = 0.330\,479\,x - 2.625\,986E{-}04$	0.992 600 465	$1/x$	0.009	5
葡萄糖	单糖	8.276	$y = 0.365\,506\,x - 0.001\,326$	0.996 251 817	$1/x$	0.011	50
D-半乳糖醛酸	单糖	8.896	$y = 0.217\,979\,x - 1.795\,586E{-}04$	0.993 832 137	$1/x$	0.012	5
D-半乳糖	单糖	8.192	$y = 0.224\,554\,x - 1.438\,607E{-}04$	0.997 671 109	$1/x$	0.011	5
L-岩藻糖	单糖	6.173	$y = 0.057\,407\,x - 2.623\,023E{-}05$	0.997 204 325	$1/x$	0.025	5
D-果糖	单糖	7.933	$y = 0.628\,566\,x - 0.051\,936$	0.998 860 841	$1/x$	0.006	50
D-阿拉伯糖	单糖	5.198	$y = 0.705\,528\,x - 4.991\,017E{-}04$	0.994 712 824	$1/x$	0.014	5
阿拉伯糖醇	单糖	5.89	$y = 1.077\,071\,x - 1.861\,706E{-}05$	0.998 521 975	$1/x$	0.040	5
N-乙酰氨基葡萄糖	单糖	10.569	$y = 0.042\,757\,x - 2.354\,170E{-}05$	0.998 89 71	$1/x$	0.028	5
甲基β-D-吡喃半乳糖苷	单糖	7.734	$y = 0.525\,742\,x - 2.958\,160E{-}04$	0.999 589 702	$1/x$	0.022	5
L-鼠李糖	单糖	5.88	$y = 0.479\,142\,x - 2.598\,693E{-}04$	0.997 987 295	$1/x$	0.048	5
棉子糖	三糖	22.472	$y = 0.189\,703\,x - 2.342\,191E{-}04$	0.993 332 345	$1/x$	0.021	25

3. 样本含量

将检测到的所有样本的积分峰面积比值代入标准曲线线性方程进行计算，进一步代入计算公式计算后，最终得到实际样本中该物质的含量数据。注意：计算公式已进行单位换算，直接将对应数值代入即可得到样本含量。

样本中糖类的含量（mg/g）$= c \cdot V_1 \cdot V_2/V_3/$（1 000 000$m$）

公式中各字母含义：

c——样本中积分峰面积比值代入标准曲线得到的浓度值（μg/mL）；

V_1——定容所用溶液的体积（μL）；

V_2——样品提取过程中加入样本提取液的体积（μL）；

V_3——样品提取过程中收集上清液的体积（μL）；

m——称取的样本质量（g）。

参考文献

Cao B, Aa J, Wang G, et al., 2011. GC-TOFMS analysis of metabolites in adherent MDCK cells and a novel strategy for identifying intracellular metabolic markers for use as cell amount indicators in data normalization. Analytical and bioanalytical chemistry, 400 (9): 2983-2993.

Chunzhao Zhao, Omar Zayed, Fansuo Zeng, et al., 2019. Arabinose biosynthesis is critical for salt stress tolerance in Arabidopsis. New Phytologist.

Gómez-González S, Ruiz-Jiménez J, Priego-Capote F, et al., 2010. Qualitative and Quantitative Sugar Profiling in Olive Fruits, Leaves, and Stems by Gas Chromatography-Tandem Mass Spectrometry (GC-MS/MS) after Ultrasound-Assisted Leaching. J Agric Food Chem, 58 (23): 12292-12299.

Iyer V V, Ovacik M A, Androulakis I P, et al., 2010. Transcriptional and metabolic flux profiling of triadimefon effects on cultured hepatocytes. Toxicology and applied pharmacology, 248 (3): 165-177.

Jiang Q L, Zhang S, Tian M, et al., 2015. Plant lectins, from ancient sugar-binding proteins to emerging anti-cancer drugs in apoptosis and autophagy. Send to Cell Prolif, 48 (1): 17-28.

Medeiros P M, Simoneit B R, 2007. Analysis of sugars in environmental samples by gas chromatography-massspectrometry. J Chromatogr A, 1141 (2): 271-278.

Munger J, Bajad S U, Coller H A, et al., 2006. Dynamics of the cellular metabolome during human cytomegalovirus infection. PLoS pathogens, 2 (12): e132.

Stanford K I, Middelbeek R, Townsend K L, et al., 2013. Brown adipose tissue regulates glucose homeostasis and insulin sensitivity. Journal of Clinical Investigation, 123 (1): 215-223.

Sun S H, Wang H, Xie J P, et al., 2016. Simultaneous determination of rhamnose, xylitol, arabitol, fructose, glucose, inositol, sucrose, maltose in jujube (Zizyphus jujube Mill.) extract: comparison of HPLC-ELSD, LC-ESI-MS/MS and GC-MS. Chemistry Central Journal, 10: 25.

Yihan D, Marleen S, Anna S, et al., 2017. Sulfur availability regulates plant growth via glucose-TOR signaling. New Phytologist, 8: 1174.

Zheng H, Zhang Q, QuanJ, et al., 2016. Determination of sugars, organic acids, aroma components, and carotenoids in grapefruit pulps. Food Chem, 205: 112-121.

花青素

一、简介

花青素（anthocyanidin）是一类广泛存在于植物中的水溶性色素，属于类黄酮化合物，也是植物的主要呈色物质。自然条件下游离的花青素极少见，主要以糖苷形式存在，常与一个或多个葡萄糖、鼠李糖、半乳糖、木糖、阿拉伯糖等结合成花色苷（anthocyanin）。

二、实验方法

1. 代谢物信息

共检测花青素类代谢物 29 种。

代谢物中文名称	代谢物简称	代谢物英文名称	CAS编号	代谢物中文类别	代谢物英文类别	代谢物分子式	相对分子质量
矢车菊素-3-O-(6″-O-乙酰)葡萄糖苷	Anthocyanidin_111	Cyanidin-3-O-(6″-O-acetyl)glucoside	–	矢车菊素	Cyanidin	$C_{23}H_{23}O_{12}^+$	491.118 951 2
矢车菊素-3-O-(6″-对香豆酰)半乳糖苷	Anthocyanidin_122	Cyanidin-3-O-(6″-O-coumaryl)galactoside	–	矢车菊素	Cyanidin	$C_{30}H_{27}O_{13}^+$	595.145 165 9
矢车菊素-3-O-(6″-咖啡酰)鼠李糖苷	Anthocyanidin_121	Cyanidin-3-O-(6″-O-caffeoyl)rhamnoside	–	矢车菊素	Cyanidin	$C_{30}H_{27}O_{13}^+$	595.145 165 9
矢车菊素-3-O-半乳糖苷	Anthocyanidin_10	Cyanidin-3-O-galactoside	142506-26-1	矢车菊素	Cyanidin	$C_{21}H_{21}O_{11}^+$	449.108 386 5
矢车菊素-3-O-芸香糖苷	Anthocyanidin_12	Cyanidin-3-O-rutinoside	28338-59-2	矢车菊素	Cyanidin	$C_{27}H_{31}O_{15}^+$	595.166 295 3
矢车菊素-3-O-葡萄糖苷	Anthocyanidin_11	Cyanidin-3-O-glucoside	47705-70-4	矢车菊素	Cyanidin	$C_{21}H_{21}O_{11}^+$	449.108 386 5
飞燕草素-3-O-木糖苷	Anthocyanidin_208	Delphinidin-3-O-xyloside	–	飞燕草素	Delphinidin	$C_{20}H_{19}O_{11}^+$	435.092 736 4
飞燕草素-3-O-芸香糖苷	Anthocyanidin_29	Delphinidin-3-O-rutinoside	15674-58-5	飞燕草素	Delphinidin	$C_{27}H_{31}O_{16}^+$	611.161 209 9

（续表）

代谢物中文名称	代谢物简称	代谢物英文名称	CAS编号	代谢物中文类别	代谢物英文类别	代谢物分子式	相对分子质量
飞燕草素-3-O-(6″-O-乙酰)半乳糖苷	Anthocyanidin_211	Delphinidin-3-O-(6″-O-acetyl) galactoside	–	飞燕草素	Delphinidin	$C_{23}H_{23}O_{13}^+$	507. 113 865 8
飞燕草素-3-O-槐糖苷	Anthocyanidin_31	Delphinidin-3-O-sophoroside	59212-40-7	飞燕草素	Delphinidin	$C_{27}H_{31}O_{17}^+$	627. 156 124 5
锦葵色素-3-O-木糖苷	Anthocyanidin_243	Malvidin-3-O-xyloside	–	锦葵色素	Malvidin	$C_{22}H_{23}O_{11}^+$	463. 124 036 6
锦葵色素-3-O-鼠李糖苷	Anthocyanidin_244	Malvidin-3-O-rhamnoside	–	锦葵色素	Malvidin	$C_{23}H_{25}O_{11}^+$	477. 139 686 6
锦葵色素	Anthocyanidin_43	Malvidin	10463-84-0	锦葵色素	Malvidin	$C_{17}H_{15}O_7^+$	331. 081 777 8
锦葵色素-3-O-葡萄糖苷	Anthocyanidin_51	Malvidin-3-O-glucoside	18470-06-9	锦葵色素	Malvidin	$C_{23}H_{25}O_{12}^+$	493. 134 601 2
天竺葵素-3-O-半乳糖苷	Anthocyanidin_67	Pelargonidin-3-O-galactoside	197451-24-4	天竺葵素	Pelargonidin	$C_{21}H_{21}O_{10}^+$	433. 113 471 9
芍药花素-3-O-(6″-O-乙酰-丙二酰)葡萄糖苷	Anthocyanidin_323	Peonidin-3-O-(6″-O-acetyl-malonyl) glucoside	–	芍药花素	Peonidin	$C_{27}H_{27}O_{15}^+$	591. 134 995 2
芍药花素-3-O-半乳糖苷	Anthocyanidin_85	Peonidin-3-O-galactoside	–	芍药花素	Peonidin	$C_{22}H_{23}O_{11}^+$	463. 124 036 6
芍药花素-3-O-(乙酰)(丙二酰)半乳糖苷	Anthocyanidin_409	Peonidin-3-O-(acetyl)(malonyl) galactoside	–	芍药花素	Peonidin	$C_{27}H_{27}O_{15}^+$	591. 134 995 2
芍药花素-3-O-(6″-O-乙酰)葡萄糖苷	Anthocyanidin_321	Peonidin-3-O-(6″-O-acetyl) glucoside	–	芍药花素	Peonidin	$C_{24}H_{25}O_{12}^+$	505. 134 601 2
芍药花素-3-O-葡萄糖苷	Anthocyanidin_86	Peonidin-3-O-glucoside	68795-37-9	芍药花素	Peonidin	$C_{22}H_{23}O_{11}^+$	463. 124 036 6
芍药花素-3-O-木糖苷	Anthocyanidin_319	Peonidin-3-O-xyloside	–	芍药花素	Peonidin	$C_{21}H_{21}O_{10}^+$	433. 113 471 9
矮牵牛素-3-O-阿拉伯糖苷	Anthocyanidin_96	Petunidin-3-O-arabinoside	749848-37-1	矮牵牛素	Petunidin	$C_{21}H_{21}O_{11}^+$	449. 108 386 5
矮牵牛素-3-O-半乳糖苷	Anthocyanidin_97	Petunidin-3-O-galactoside	–	矮牵牛素	Petunidin	$C_{22}H_{23}O_{12}^+$	479. 118 951 2
原花青素B4	Anthocyanidin_109	Procyanidin B4	29106-51-2	原花青素	Procyanidin	$C_{30}H_{26}O_{12}$	578. 142 426 3
原花青素B2	Anthocyanidin_106	Procyanidin B2	29106-49-8	原花青素	Procyanidin	$C_{30}H_{26}O_{12}$	578. 142 426 3
原花青素B3	Anthocyanidin_107	Procyanidin B3	23567-23-9	原花青素	Procyanidin	$C_{30}H_{26}O_{12}$	578. 142 426 3
原花青素B1	Anthocyanidin_105	Procyanidin B1	20315-25-7	原花青素	Procyanidin	$C_{30}H_{26}O_{12}$	578. 142 426 3
槲皮素-3-O-葡萄糖苷（异槲皮苷）	Anthocyanidin_41	Quercetin-3-O-glucoside	21637-25-2	黄酮	flavonoid	$C_{21}H_{20}O_{12}$	464. 095 476 1
柚皮素	Anthocyanidin_39	Naringenin	480-41-2	黄酮	flavonoid	$C_{15}H_{12}O_5$	272. 068 473 5

2. 试剂与仪器

（1）仪器信息

仪器	型号	品牌
LC-MS/MS	QTRAP®500+	SCIEX
离心机	5424R	Eppendorf
电子天平	AS 60/220. R2	RADWAG
球磨仪	MM400	Retsch
多管涡旋振荡器	MIX-200	上海净信实业发展有限公司
超声清洗仪	KQ5200E	昆山舒美超声仪器有限公司

（2）标准品及试剂信息

试剂	级别	品牌
甲醇	色谱纯	Merck
甲酸	色谱纯	Sigma-Aldrich
盐酸	优级纯	信阳市化学试剂厂
标准品	大于99%	isoReag（50%甲醇配制，1 mg/mL）

3. 样本前处理

（1）生物样品真空冷冻干燥；

（2）利用球磨仪研磨（30 Hz，1.5min）至粉末状；

（3）称取 50 mg 的粉末，溶解于 500 μL 提取液（50%的甲醇水溶液，含 0.1%盐酸）中；

（4）涡旋 5 min，超声 5 min，离心 3 min（12 000 r/min，4 ℃），吸取上清，重复操作 1 次；

（5）合并两次上清液，用微孔滤膜（0.22 μm pore size）过滤样品，并保存于进样瓶中，用于 LC-MS/MS 分析。

4. 色谱质谱采集条件

（1）数据采集仪器系统主要包括：

1）超高效液相色谱（Ultra Performance Liquid Chromatography，UPLC）（ExionLC™ AD, https：//sciex. com. cn/）；

2）串联质谱（Tandem Mass Spectrometry，MS/MS）（QTRAP®6500+，https：//sci-ex. com. cn/）。

（2）液相条件主要包括：

1）色谱柱：ACQUITY BEH C18 1.7 μm，2.1 mm×100 mm；

2）流动相：A 相为超纯水（加入 0.1%的甲酸），B 相为甲醇（加入 0.1%的甲酸）；

3）洗脱梯度：0.00 min B 相比例为 5%，6.00 min 增至 50%，12.00 min 增至 95%，

保持 2 min，14 min 降至 5%，并平衡 2 min；

4）流速 0.35 mL/min；柱温 40 ℃；进样量 2 μL。

（3）质谱条件主要包括：

电喷雾离子源（Electrospray Ionization，ESI）温度 550 ℃，正离子模式下质谱电压 5 500 V，气帘气（Curtain Gas，CUR）35 psi。在 Q-Trap 6500+中，每个离子对是根据优化的去簇电压（Declustering Potential，DP）和碰撞能（Collision Energy，CE）进行扫描检测。

5. 定性与定量原理

基于标准品构建 MWDB（Metware Database）数据库，对质谱检测的数据进行定性分析。

定量是利用三重四级杆质谱的多反应监测模式（Multiple Reaction Monitoring，MRM）分析完成。MRM 模式中，四级杆首先筛选目标物质的前体离子（母离子），排除掉其他分子量物质对应的离子以初步排除干扰；前体离子经碰撞室诱导电离后，断裂形成多个碎片离子，碎片离子再通过三重四级杆过滤选择出所需要的特征碎片离子，排除非目标离子干扰，使定量更为精确，重复性更好。获得不同样本的质谱分析数据后，对所有目标物的色谱峰进行积分，通过标准曲线进行定量分析。

三、数据结果评估

1. 定性定量分析

采用 Analyst 1.6.3 软件和 MultiQuant 3.0.3 软件处理质谱数据，参考标准品的保留时间与峰型信息，对待测物在不同样本中检测到的色谱峰进行积分校正，以确保定性定量的准确。

2. 标准曲线

配制 0.01 ng/mL、0.05 ng/mL、0.1 ng/mL、0.5 ng/mL、1.0 ng/mL、5.0 ng/mL、10 ng/mL、50 ng/mL、100 ng/mL、500 ng/mL、1 000 ng/mL、2 000 ng/mL、5 000 ng/mL 不同浓度的标准品溶液，获取各个浓度标准品的对应定量信号的色谱峰强度数据；以标品浓度（Concentration）为横坐标，峰面积（Area）为纵坐标，绘制不同物质的标准曲线。本项目所检测物质的标准曲线线性方程及相关系数见下表。

代谢物中文名称	代谢物类别	保留时间（min）	线性方程	相关系数	权重	定量下限（ng/mL）	定量上限（ng/mL）
矢车菊素 - 3 - O -（6″-O-乙酰）葡萄糖苷	矢车菊素	10.99	$y = 7.161\,87\text{E}+04\,x + 1\,593.308\,18$	0.999 77	$1/x$	N/A	N/A
矢车菊素 - 3 - O -（6″-对香豆酰）半乳糖苷	矢车菊素	11.67	$y = 7.161\,87\text{E}+04\,x + 1\,593.308\,18$	0.999 77	$1/x$	N/A	N/A

（续表）

代谢物中文名称	代谢物类别	保留时间（min）	线性方程	相关系数	权重	定量下限（ng/mL）	定量上限（ng/mL）
矢车菊素-3-O-(6″-咖啡酰)鼠李糖苷	矢车菊素	12.01	$y=7.161\,87E+04\ x+1\,593.308\,18$	0.999 77	$1/x$	N/A	N/A
矢车菊素-3-O-半乳糖苷	矢车菊素	7.07	$y=8.585\,12E+04\ x+16\,088.317\,17$	0.999 95	$1/x$	5	5 000
矢车菊素-3-O-芸香糖苷	矢车菊素	8.22	$y=7.161\,87E+04\ x+1\,593.308\,18$	0.999 77	$1/x$	N/A	N/A
矢车菊素-3-O-葡萄糖苷	矢车菊素	7.60	$y=1.261\,54E+05\ x+26\,933.655\,16$	0.999 18	$1/x$	5	5 000
飞燕草素-3-O-木糖苷	飞燕草素	8.14	$y=4.052\,97E+04\ x-10\,917.323\,75$	0.999 95	$1/x$	N/A	N/A
飞燕草素-3-O-芸香糖苷	飞燕草素	7.18	$y=6.231\,39E+04\ x-12\,801.752\,75$	0.999 64	$1/x$	5	5 000
飞燕草素-3-O-(6″-O-乙酰)半乳糖苷	飞燕草素	11.76	$y=4.052\,97E+04\ x-10\,917.323\,75$	0.999 95	$1/x$	N/A	N/A
飞燕草素-3-O-槐糖苷	飞燕草素	6.02	$y=4.052\,97E+04\ x-10\,917.323\,75$	0.999 95	$1/x$	N/A	N/A
锦葵色素-3-O-木糖苷	锦葵色素	10.69	$y=5.604\,90E+04\ x-3.071\,04E+04$	0.998 82	$1/x$	N/A	N/A
锦葵色素-3-O-鼠李糖苷	锦葵色素	10.63	$y=5.604\,90E+04\ x-3.071\,04E+04$	0.998 82	$1/x$	N/A	N/A
锦葵色素	锦葵色素	11.94	$y=5.604\,90E+04\ x-3.071\,04E+04$	0.998 82	$1/x$	N/A	N/A
锦葵色素-3-O-葡萄糖苷	锦葵色素	9.49	$y=1.336\,16E+05\ x-6\,436.263\,70$	0.999 98	$1/x$	10	5 000
天竺葵素-3-O-半乳糖苷	天竺葵素	7.97	$y=5.205\,13E+04\ x+3.781\,98E+04$	0.999 98	$1/x$	N/A	N/A
芍药花素-3-O-(6″-O-乙酰-丙二酰)葡萄糖苷	芍药花素	4.37	$y=7.569\,83E+04\ x-5\,390.501\,21$	0.999 49	$1/x$	N/A	N/A
芍药花素-3-O-半乳糖苷	芍药花素	8.43	$y=7.569\,83E+04\ x-5\,390.501\,21$	0.999 49	$1/x$	N/A	N/A
芍药花素-3-O-(乙酰)(丙二酰)半乳糖苷	芍药花素	3.63	$y=7.569\,83E+04\ x-5\,390.501\,21$	0.999 49	$1/x$	N/A	N/A
芍药花素-3-O-(6″-O-乙酰)葡萄糖苷	芍药花素	11.54	$y=7.569\,83E+04\ x-5\,390.501\,21$	0.999 49	$1/x$	N/A	N/A
芍药花素-3-O-葡萄糖苷	芍药花素	9.14	$y=2.490\,52E+05\ x+3.144\,79E+04$	0.999 94	$1/x$	2	5 000
芍药花素-3-O-木糖苷	芍药花素	10.48	$y=7.569\,83E+04\ x-5\,390.501\,21$	0.999 49	$1/x$	N/A	N/A
矮牵牛素-3-O-阿拉伯糖苷	矮牵牛素	8.52	$y=1.213\,98E+05\ x+4.338\,27E+04$	0.994 19	$1/x$	N/A	N/A

代谢物中文名称	代谢物类别	保留时间（min）	线性方程	相关系数	权重	定量下限（ng/mL）	定量上限（ng/mL）
矮牵牛素-3-O-半乳糖苷	矮牵牛素	7.99	$y=1.213\,98E{+}05\,x{+}4.338\,27E{+}04$	0.994 19	$1/x$	N/A	N/A
原花青素 B4	原花青素	4.68	$y=4\,812.269\,46\,x{-}604.862\,44$	0.999 91	$1/x$	5	5 000
原花青素 B2	原花青素	5.65	$y=4\,300.953\,87\,x{+}1\,406.156\,52$	0.999 95	$1/x$	5	5 000
原花青素 B3	原花青素	3.64	$y=5\,139.185\,34\,x{+}146.497\,43$	0.999 9	$1/x$	2	5 000
原花青素 B1	原花青素	4.03	$y=4\,906.712\,10\,x{-}51.650\,31$	0.999 89	$1/x$	2	5 000
槲皮素-3-O-葡萄糖苷（异槲皮苷）	黄酮	11.36	$y=8\,334.743\,51\,x{+}9.323\,82E{+}04$	0.996 29	$1/x$	50	5 000
柚皮素	黄酮	13.05	$y=3.754\,28E{+}04\,x{+}7\,185.449\,95$	0.998 6	$1/x$	5	5 000

3. 样本含量

将检测到的所有样本的积分峰面积代入标准曲线线性方程进行计算，进一步代入计算公式计算后，最终得到实际样本中该物质的含量数据。注意：计算公式已进行单位换算，直接将对应数值代入即可得到样本含量。

样本中代谢物的含量（μg/g）＝ $c·V/$（1 000 000m）

公式中各字母含义：

c——样本中积分峰面积代入标准曲线得到的浓度值（ng/mL）；

V——提取时所用溶液的体积（μL）；

m——称取的样本质量（g）。

参考文献

Alexander Acevedo De la Cruz, Ghislaine Hilbert, CélineRivière, et al., 2012. Anthocyanin identification and composition of wild *Vitis* spp. accessions by using LC-MS and LC-NMR. Analytica Chimica Acta, 732：145-152.

De Ferrars R M, Czank C, Saha S, et al., 2014. Methods for Isolating, Identifying, and Quantifying Anthocyanin Metabolites in Clinical Samples. Analytical Chemistry, 86（20）：10052-8.

Paola-Naranjo R D D, José Sánchez-Sánchez, Ana María González-Paramás, et al., 2004. Liquid chromatographic-mass spectrometric analysis of anthocyanin composition of dark blue bee pollen from *Echium plantagineum*. Journal of Chromatography A, 1054（1-2）：205-210.

Qinlong Z, Suize Y, Dongchang Z, et al., 2017. Development of "Purple Endosperm Rice" by Engineering Anthocyanin Biosynthesis in the Endosperm with a High-Efficiency Transgene Stacking System. Molecular Plant.

第二部分

研究结果

811

一、有机酸含量

化合物中文名称	含量（ng/g）	化合物中文名称	含量（ng/g）
（R）-3-羟基丁酸	9 130.132 58	反式-乌头酸	177 667.738
齐墩果酸	N/A	L-苹果酸	932 169.546
戊二酸	1 463.037 36	己二酸	29 699 377 3
4-羟基马尿酸	N/A	邻氨基苯甲酸	2.133 909 2
乳酸	N/A	壬二酸	1 158.668 14
对羟基苯乙酸	N/A	顺式-乌头酸	354 412.415
2-羟基-3-甲基丁酸	N/A	富马酸	6 612.484 93
犬尿氨酸	4.018 672 16	3-（4-羟基苯基）乳酸	17.734 331 1
肉桂酸	N/A	α-酮戊二酸	43 792.687 8
3-吲哚乙酸	N/A	泛酸	10 153.575 7
苯乙酰甘氨酸	N/A	L-焦谷氨酸	6 648.222 18
3-羟基异戊酸	N/A	水杨酸	31.556 749 7
5-羟基吲哚-3-乙酸	15.818 802 7	辛二酸	123.167 939
乙基丙二酸	N/A	琥珀酸	45 373.945 4
吲哚-3-乙酸	N/A	酒石酸	10 812.876 7
山楂酸	N/A	2-羟基-2-甲基丁酸	140.763 359
苯甲酸	N/A	4-氨基丁酸	103 224.186
3-（3-羟基苯基）-3-羟基丙酸	N/A	4-香豆酸	12.112 495
3-羟基马尿酸	N/A	对羟基苯甲酸	599.451 587
马尿酸	N/A	咖啡酸	5.814 785 05
乙酰丙酸	N/A	阿魏酸	175.548 413
甲基丙二酸	N/A	没食子酸	171.772 8
新绿原酸	N/A	丙酮酸	430.136 601
吲哚-2-羧酸	N/A	莽草酸	30 051.024 5
甲基丁二酸	N/A	牛磺酸	27.755 624 7
3,4-二羟基苯乙酸	N/A	DL-3-苯基乳酸	1.230 343 51
氢化肉桂酸	N/A	3-甲基己二酸	64.524 608 3
鼠尾草酸	N/A	邻羟基苯乙酸	2.015 417 84
柠康酸	N/A	5-羟甲基-2-呋喃甲酸	93.219 063 9
隐绿原酸	N/A	癸二酸	295.795 5
3-羟基苯乙酸	3 018.772 6	氯氨酮	4.691 201 29
高香草酸	N/A	马来酸	N/A
3-羟基-3-甲基谷氨酸	449.956 81		

二、糖含量

化合物中文名称	含量（mg/g）	化合物中文名称	含量（mg/g）
苯基-β-D-吡喃葡萄糖苷	N/A	1,5-酐-D-山梨糖醇	0.882 258 189
D-纤维二糖	0.196 651 252	D-甘露糖-6-磷酸钠	0.067 779 576 1
海藻糖	0.010 016 570 3	1,6-脱水-β-D-葡萄糖	0.238 042 389
蔗糖	261.816 956	肌醇	2.998 362 24
麦芽糖	0.122 539 114	D-葡萄糖醛酸	0.020 423 699 4
乳糖	N/A	葡萄糖	99.999 422
2-脱氧-D-葡萄糖	N/A	D-半乳糖醛酸	0.200 685 934
2-脱氧-D-核糖	N/A	D-半乳糖	0.292 059 73
D-甘露糖	N/A	L-岩藻糖	0.370 308 285
D-核糖	N/A	D-果糖	181.926 59
D-（+）-核糖酸-1,4-内酯	0.008 547 996 15	D-阿拉伯糖	0.035 167 630 1
D-木酮糖	0.009 098 805 39	阿拉伯糖醇	0.018 683 757 2
D-木糖	0.219 240 848	N-乙酰氨基葡萄糖	0.012 288 073 2
木糖醇	0.008 321 657 03	甲基 β-D-吡喃半乳糖苷	0.072 873 025
D-山梨醇	0.027 960 115 6	L-鼠李糖	0.032 666 474
D-核糖-5-磷酸钡盐	0.113 556 069	棉子糖	N/A

三、花青素含量

化合物中文名称	含量（μg/g）	化合物中文名称	含量（μg/g）
矢车菊素-3-O-（6″-O-乙酰）葡萄糖苷	N/A	芍药花素-3-O-（6″-O-乙酰-丙二酰）葡萄糖苷	0.006 984 543 84
矢车菊素-3-O-（6″-对香豆酰）半乳糖苷	N/A	芍药花素-3-O-半乳糖苷	N/A
矢车菊素-3-O-（6″-咖啡酰）鼠李糖苷	N/A	芍药花素-3-O-（乙酰）（丙二酰）半乳糖苷	N/A
矢车菊素-3-O-半乳糖苷	N/A	芍药花素-3-O-（6″-O-乙酰）葡萄糖苷	N/A
矢车菊素-3-O-芸香糖苷	N/A	芍药花素-3-O-葡萄糖苷	N/A
矢车菊素-3-O-葡萄糖苷	N/A	芍药花素-3-O-木糖苷	N/A
飞燕草素-3-O-木糖苷	N/A	矮牵牛素-3-O-阿拉伯糖苷	N/A
飞燕草素-3-O-芸香糖苷	N/A	矮牵牛素-3-O-半乳糖苷	N/A
飞燕草素-3-O-（6″-O-乙酰）半乳糖苷	N/A	原花青素 B4	0.069 853 750 2
飞燕草素-3-O-槐糖苷	0.013 808 707 7	原花青素 B2	0.211 197 309
锦葵色素-3-O-木糖苷	N/A	原花青素 B3	0.070 183 257 5
锦葵色素-3-O-鼠李糖苷	N/A	原花青素 B1	5.032 277 85
锦葵色素	0.014 054 561 6	槲皮素-3-O-葡萄糖苷（异槲皮苷）	N/A
锦葵色素-3-O-葡萄糖苷	0.006 635 404 71	柚皮素	N/A
天竺葵素-3-O-半乳糖苷	N/A		

905

一、有机酸含量

化合物中文名称	含量（ng/g）	化合物中文名称	含量（ng/g）
（R）-3-羟基丁酸	10 940.515 8	反式-乌头酸	97 993.136 4
齐墩果酸	1.482 393 93	L-苹果酸	1 131 146.01
戊二酸	N/A	己二酸	138.074 043
4-羟基马尿酸	N/A	邻氨基苯甲酸	0.972 169 301
乳酸	N/A	壬二酸	1 448.450 5
对羟基苯乙酸	N/A	顺式-乌头酸	151 758.527
2-羟基-3-甲基丁酸	N/A	富马酸	3 673.866 47
犬尿氨酸	N/A	3-（4-羟基苯基）乳酸	10.660 669 7
肉桂酸	N/A	α-酮戊二酸	40 156.718
3-吲哚乙酸	N/A	泛酸	11 634.983 4
苯乙酰甘氨酸	N/A	L-焦谷氨酸	3 237.104 83
3-羟基异戊酸	N/A	水杨酸	4.429 055 74
5-羟基吲哚-3-乙酸	N/A	辛二酸	450.201 747
乙基丙二酸	N/A	琥珀酸	94 356.801 2
吲哚-3-乙酸	N/A	酒石酸	10 012.188
山楂酸	N/A	2-羟基-2-甲基丁酸	276.350 874
苯甲酸	N/A	4-氨基丁酸	50 193.011 6
3-（3-羟基苯基）-3-羟基丙酸	N/A	4-香豆酸	484.857 529
3-羟基马尿酸	N/A	对羟基苯甲酸	86.671 693
马尿酸	N/A	咖啡酸	312.186 98
乙酰丙酸	N/A	阿魏酸	52.482 737 1
甲基丙二酸	N/A	没食子酸	717.921 173
新绿原酸	N/A	丙酮酸	757.936 772
吲哚-2-羧酸	N/A	莽草酸	25 666.909 3
甲基丁二酸	N/A	牛磺酸	31.397 670 5
3,4-二羟基苯乙酸	N/A	DL-3-苯基乳酸	4 228.826 96
氢化肉桂酸	N/A	3-甲基己二酸	70.436 252 1
鼠尾草酸	N/A	邻羟基苯乙酸	44.442 595 7
柠康酸	N/A	5-羟甲基-2-呋喃甲酸	294.184 692
隐绿原酸	N/A	癸二酸	N/A
3-羟基苯乙酸	2 910.274 54	氯氨酮	8.433 049 08
高香草酸	N/A	马来酸	N/A
3-羟基-3-甲基谷氨酸	N/A		

二、糖含量

化合物中文名称	含量（mg/g）	化合物中文名称	含量（mg/g）
苯基-β-D-吡喃葡萄糖苷	N/A	1,5-酐-D-山梨糖醇	0.662 666 002
D-纤维二糖	0.080 793 220 3	D-甘露糖-6-磷酸钠	0.053 987 637 1
海藻糖	0.008 606 939 18	1,6-脱水-β-D-葡萄糖	0.375 361 914
蔗糖	306.739 781	肌醇	2.301 415 75
麦芽糖	0.094 377 068 8	D-葡萄糖醛酸	0.014 548 614 2
乳糖	N/A	葡萄糖	39.130 01
2-脱氧-D-葡萄糖	N/A	D-半乳糖醛酸	0.083 784 047 9
2-脱氧-D-核糖	N/A	D-半乳糖	0.074 672 382 9
D-甘露糖	N/A	L-岩藻糖	0.248 348 953
D-核糖	N/A	D-果糖	94.787 637 1
D-(+)-核糖酸-1,4-内酯	0.006 853 001	D-阿拉伯糖	0.022 328 813 6
D-木酮糖	0.005 057 188 43	阿拉伯糖醇	0.015 652 362 9
D-木糖	0.254 181 456	N-乙酰氨基葡萄糖	0.008 685 982 05
木糖醇	0.007 390 488 53	甲基β-D-吡喃半乳糖苷	0.025 073 978 1
D-山梨醇	0.012 547 936 2	L-鼠李糖	0.020 114 656
D-核糖-5-磷酸钡盐	0.042 110 668	棉子糖	N/A

三、花青素含量

化合物中文名称	含量（μg/g）	化合物中文名称	含量（μg/g）
矢车菊素-3-O-(6″-O-乙酰)葡萄糖苷	N/A	芍药花素-3-O-(6″-O-乙酰-丙二酰)葡萄糖苷	N/A
矢车菊素-3-O-(6″-对香豆酰)半乳糖苷	N/A	芍药花素-3-O-半乳糖苷	N/A
矢车菊素-3-O-(6″-咖啡酰)鼠李糖苷	N/A	芍药花素-3-O-(乙酰)(丙二酰)半乳糖苷	N/A
矢车菊素-3-O-半乳糖苷	0.001 472 516 69	芍药花素-3-O-(6″-O-乙酰)葡萄糖苷	N/A
矢车菊素-3-O-芸香糖苷	N/A	芍药花素-3-O-葡萄糖苷	N/A
矢车菊素-3-O-葡萄糖苷	N/A	芍药花素-3-O-木糖苷	N/A
飞燕草素-3-O-木糖苷	N/A	矮牵牛素-3-O-阿拉伯糖苷	N/A
飞燕草素-3-O-芸香糖苷	N/A	矮牵牛素-3-O-半乳糖苷	N/A
飞燕草素-3-O-(6″-O-乙酰)半乳糖苷	N/A	原花青素 B4	N/A
飞燕草素-3-O-槐糖苷	N/A	原花青素 B2	N/A
锦葵色素-3-O-木糖苷	N/A	原花青素 B3	0.038 869 846 9
锦葵色素-3-O-鼠李糖苷	N/A	原花青素 B1	0.765 213 977
锦葵色素	N/A	槲皮素-3-O-葡萄糖苷（异槲皮苷）	N/A
锦葵色素-3-O-葡萄糖苷	0.006 386 572 44	柚皮素	0.006 507 145 66
天竺葵素-3-O-半乳糖苷	N/A		

90-15

一、有机酸含量

化合物中文名称	含量（ng/g）	化合物中文名称	含量（ng/g）
（R）-3-羟基丁酸	13 756.998 4	反式-乌头酸	217 524.3
齐墩果酸	N/A	L-苹果酸	1 266 251.94
戊二酸	890.254 666	己二酸	132.340 591
4-羟基马尿酸	3.437 859 64	邻氨基苯甲酸	1.698 512 83
乳酸	7795.820 37	壬二酸	1 098.143 47
对羟基苯乙酸	39.099 922 2	顺式-乌头酸	490 738.725
2-羟基-3-甲基丁酸	N/A	富马酸	4 748.104 59
犬尿氨酸	N/A	3-（4-羟基苯基）乳酸	17.659 020 2
肉桂酸	N/A	α-酮戊二酸	18 880.637 6
3-吲哚乙酸	N/A	泛酸	5 050.058 32
苯乙酰甘氨酸	7.758 437 01	L-焦谷氨酸	4 715.046 66
3-羟基异戊酸	N/A	水杨酸	191.821 54
5-羟基吲哚-3-乙酸	N/A	辛二酸	298.491 446
乙基丙二酸	N/A	琥珀酸	95 217.535
吲哚-3-乙酸	N/A	酒石酸	8 584.282 66
山楂酸	N/A	2-羟基-2-甲基丁酸	331.059 487
苯甲酸	N/A	4-氨基丁酸	108 143.468
3-（3-羟基苯基）-3-羟基丙酸	N/A	4-香豆酸	134.891 135
3-羟基马尿酸	N/A	对羟基苯甲酸	304.661 742
马尿酸	N/A	咖啡酸	58.458 689 7
乙酰丙酸	N/A	阿魏酸	122.578 733
甲基丙二酸	N/A	没食子酸	1 342.797 43
新绿原酸	N/A	丙酮酸	678.368 974
吲哚-2-羧酸	N/A	莽草酸	24 171.753 5
甲基丁二酸	N/A	牛磺酸	16.364 599 5
3,4-二羟基苯乙酸	N/A	DL-3-苯基乳酸	74.763 024 9
氢化肉桂酸	N/A	3-甲基己二酸	72.796 170 3
鼠尾草酸	N/A	邻羟基苯乙酸	0.846 527 994
柠康酸	N/A	5-羟甲基-2-呋喃甲酸	143.170 684
隐绿原酸	N/A	癸二酸	353.545 879
3-羟基苯乙酸	3 764.307 93	氯氨酮	58.990 668 7
高香草酸	N/A	马来酸	N/A
3-羟基-3-甲基谷氨酸	124.818 235		

二、糖含量

化合物中文名称	含量（mg/g）	化合物中文名称	含量（mg/g）
苯基-β-D-吡喃葡萄糖苷	N/A	1,5-酐-D-山梨糖醇	1.034 025 63
D-纤维二糖	0.091 808 098 4	D-甘露糖-6-磷酸钠	0.053 376 319 8
海藻糖	0.009 857 816 5	1,6-脱水-β-D-葡萄糖	0.320 891 85
蔗糖	313.447 463	肌醇	3.662 757 56
麦芽糖	0.104 953 972	D-葡萄糖醛酸	0.017 336 873 4
乳糖	N/A	葡萄糖	48.284 982 1
2-脱氧-D-葡萄糖	N/A	D-半乳糖醛酸	0.214 048 18
2-脱氧-D-核糖	N/A	D-半乳糖	0.126 314 915
D-甘露糖	N/A	L-岩藻糖	0.307 616 607
D-核糖	N/A	D-果糖	123.461 199
D-(+)-核糖酸-1,4-内酯	0.006 535 069 2	D-阿拉伯糖	0.039 610 866 2
D-木酮糖	0.006 478 257 3	阿拉伯糖醇	0.022 686 212 2
D-木糖	0.148 127 524	N-乙酰氨基葡萄糖	0.008 188 867 25
木糖醇	0.008 186 509 48	甲基β-D-吡喃半乳糖苷	0.033 336 545 4
D-山梨醇	0.022 981 035 4	L-鼠李糖	0.031 621 527 4
D-核糖-5-磷酸钡盐	0.034 435 674	棉子糖	N/A

三、花青素含量

化合物中文名称	含量（μg/g）	化合物中文名称	含量（μg/g）
矢车菊素-3-O-(6″-O-乙酰)葡萄糖苷	N/A	芍药花素-3-O-(6″-O-乙酰-丙二酰)葡萄糖苷	N/A
矢车菊素-3-O-(6″-对香豆酰)半乳糖苷	N/A	芍药花素-3-O-半乳糖苷	0.005 470 387 29
矢车菊素-3-O-(6″-咖啡酰)鼠李糖苷	0.002 251 717 97	芍药花素-3-O-(乙酰)(丙二酰)半乳糖苷	N/A
矢车菊素-3-O-半乳糖苷	N/A	芍药花素-3-O-(6″-O-乙酰)葡萄糖苷	N/A
矢车菊素-3-O-芸香糖苷	N/A	芍药花素-3-O-葡萄糖苷	N/A
矢车菊素-3-O-葡萄糖苷	N/A	芍药花素-3-O-木糖苷	N/A
飞燕草素-3-O-木糖苷	0.020 916 186 7	矮牵牛素-3-O-阿拉伯糖苷	N/A
飞燕草素-3-O-芸香糖苷	N/A	矮牵牛素-3-O-半乳糖苷	N/A
飞燕草素-3-O-(6″-O-乙酰)半乳糖苷	N/A	原花青素 B4	N/A
飞燕草素-3-O-槐糖苷	N/A	原花青素 B2	N/A
锦葵色素-3-O-木糖苷	N/A	原花青素 B3	0.014 559 285
锦葵色素-3-O-鼠李糖苷	N/A	原花青素 B1	0.033 696 524 3
锦葵色素	0.013 384 667 3	槲皮素-3-O-葡萄糖苷（异槲皮苷）	N/A
锦葵色素-3-O-葡萄糖苷	0.005 221 549 16	柚皮素	N/A
天竺葵素-3-O-半乳糖苷	N/A		

矮 芒

一、有机酸含量

化合物中文名称	含量（ng/g）	化合物中文名称	含量（ng/g）
（R）-3-羟基丁酸	11 285.759 2	反式-乌头酸	169 833.508
齐墩果酸	32.921 884 8	L-苹果酸	1 368 879.58
戊二酸	2 322.418 85	己二酸	95.911 518 3
4-羟基马尿酸	N/A	邻氨基苯甲酸	1.982 837 7
乳酸	N/A	壬二酸	512.144 503
对羟基苯乙酸	N/A	顺式-乌头酸	104 060.419
2-羟基-3-甲基丁酸	N/A	富马酸	8 408.052 36
犬尿氨酸	N/A	3-（4-羟基苯基）乳酸	24.145 340 3
肉桂酸	N/A	α-酮戊二酸	91 398.219 9
3-吲哚乙酸	N/A	泛酸	13 412.774 9
苯乙酰甘氨酸	N/A	L-焦谷氨酸	2 763.193 72
3-羟基异戊酸	N/A	水杨酸	19.208 167 5
5-羟基吲哚-3-乙酸	N/A	辛二酸	100.962 304
乙基丙二酸	N/A	琥珀酸	62 220.628 3
吲哚-3-乙酸	N/A	酒石酸	11 263.560 2
山楂酸	N/A	2-羟基-2-甲基丁酸	1 579.465 97
苯甲酸	N/A	4-氨基丁酸	73 821.466
3-（3-羟基苯基）-3-羟基丙酸	N/A	4-香豆酸	65.866 596 9
3-羟基马尿酸	N/A	对羟基苯甲酸	91.339 476 4
马尿酸	N/A	咖啡酸	47.951 518 3
乙酰丙酸	N/A	阿魏酸	160.477 487
甲基丙二酸	N/A	没食子酸	1625.591 62
新绿原酸	143.802 094	丙酮酸	730.937 173
吲哚-2-羧酸	N/A	莠草酸	76975.706 8
甲基丁二酸	N/A	牛磺酸	16.070 785 3
3,4-二羟基苯乙酸	N/A	DL-3-苯基乳酸	23.496 544 5
氢化肉桂酸	N/A	3-甲基己二酸	N/A
鼠尾草酸	N/A	邻羟基苯乙酸	14.947 225 1
柠康酸	N/A	5-羟甲基-2-呋喃甲酸	549.327 749
隐绿原酸	N/A	癸二酸	242.891 099
3-羟基苯乙酸	4 934.795 81	氯氨酮	31.742 094 2
高香草酸	N/A	马来酸	N/A
3-羟基-3-甲基谷氨酸	N/A		

二、糖含量

化合物中文名称	含量（mg/g）	化合物中文名称	含量（mg/g）
苯基-β-D-吡喃葡萄糖苷	N/A	1,5-酐-D-山梨糖醇	1.870 851 67
D-纤维二糖	0.079 902 583 7	D-甘露糖-6-磷酸钠	0.064 68
海藻糖	0.012 061 378	1,6-脱水-β-D-葡萄糖	0.263 659 33
蔗糖	261.131 1	肌醇	7.443 961 72
麦芽糖	0.126 047 847	D-葡萄糖醛酸	0.019 421 435 4
乳糖	N/A	葡萄糖	126.769 187
2-脱氧-D-葡萄糖	N/A	D-半乳糖醛酸	0.591 764 593
2-脱氧-D-核糖	N/A	D-半乳糖	0.308 654 545
D-甘露糖	N/A	L-岩藻糖	0.239 779 904
D-核糖	0.000 562 842 105	D-果糖	166.590 239
D-(+)-核糖酸-1,4-内酯	0.007 355 138 76	D-阿拉伯糖	0.040 798 277 5
D-木酮糖	0.00 991 423 923	阿拉伯糖醇	0.017 963 598 1
D-木糖	0.177 168 038	N-乙酰氨基葡萄糖	0.009 298 717 7
木糖醇	0.007 540 019 14	甲基β-D-吡喃半乳糖苷	0.077 614 354 1
D-山梨醇	0.018 132 076 6	L-鼠李糖	0.021 125 550 2
D-核糖-5-磷酸钡盐	0.144 261 627	棉子糖	N/A

三、花青素含量

化合物中文名称	含量（μg/g）	化合物中文名称	含量（μg/g）
矢车菊素-3-O-(6″-O-乙酰)葡萄糖苷	N/A	芍药花素-3-O-(6″-O-乙酰-丙二酰)葡萄糖苷	0.003 832 487 82
矢车菊素-3-O-(6″-对香豆酰)半乳糖苷	N/A	芍药花素-3-O-半乳糖苷	0.011 275 182 6
矢车菊素-3-O-(6″-咖啡酰)鼠李糖苷	N/A	芍药花素-3-O-(乙酰)(丙二酰)半乳糖苷	N/A
矢车菊素-3-O-半乳糖苷	0.007 989 326 3	芍药花素-3-O-(6″-O-乙酰)葡萄糖苷	N/A
矢车菊素-3-O-芸香糖苷	N/A	芍药花素-3-O-葡萄糖苷	N/A
矢车菊素-3-O-葡萄糖苷	N/A	芍药花素-3-O-木糖苷	N/A
飞燕草素-3-O-木糖苷	N/A	矮牵牛素-3-O-阿拉伯糖苷	N/A
飞燕草素-3-O-芸香糖苷	N/A	矮牵牛素-3-O-半乳糖苷	N/A
飞燕草素-3-O-(6″-O-乙酰)半乳糖苷	0.014 525 121 8	原花青素 B4	0.062 646 103 9
飞燕草素-3-O-槐糖苷	N/A	原花青素 B2	0.113 778 815
锦葵色素-3-O-木糖苷	N/A	原花青素 B3	0.626 599 026
锦葵色素-3-O-鼠李糖苷	N/A	原花青素 B1	4.247 788 15
锦葵色素	N/A	槲皮素-3-O-葡萄糖苷（异槲皮苷）	0.049 095 373 4
锦葵色素-3-O-葡萄糖苷	0.008 244 419 64	柚皮素	0.008 608 583 6
天竺葵素-3-O-半乳糖苷	N/A		

安宁红芒

一、有机酸含量

化合物中文名称	含量（ng/g）	化合物中文名称	含量（ng/g）
（R）-3-羟基丁酸	11 259.509 2	反式-乌头酸	108 868.098
齐墩果酸	4.010 930 47	L-苹果酸	2 474 437.63
戊二酸	4 874.856 85	己二酸	158.270 961
4-羟基马尿酸	N/A	邻氨基苯甲酸	2.094 263 8
乳酸	N/A	壬二酸	818.633 947
对羟基苯乙酸	N/A	顺式-乌头酸	195 917.178
2-羟基-3-甲基丁酸	N/A	富马酸	16 327.709 6
犬尿氨酸	N/A	3-（4-羟基苯基）乳酸	48.918 813 9
肉桂酸	N/A	α-酮戊二酸	78 357.873 2
3-吲哚乙酸	N/A	泛酸	13 273.824 1
苯乙酰甘氨酸	N/A	L-焦谷氨酸	3 343.875 26
3-羟基异戊酸	N/A	水杨酸	61.326 891 6
5-羟基吲哚-3-乙酸	N/A	辛二酸	352.417 178
乙基丙二酸	N/A	琥珀酸	104 352.761
吲哚-3-乙酸	N/A	酒石酸	10 465.337 4
山楂酸	N/A	2-羟基-2-甲基丁酸	406.197 342
苯甲酸	N/A	4-氨基丁酸	78 331.697 3
3-（3-羟基苯基）-3-羟基丙酸	N/A	4-香豆酸	124.154 397
3-羟基马尿酸	N/A	对羟基苯甲酸	219.497 955
马尿酸	N/A	咖啡酸	70.327 505 1
乙酰丙酸	N/A	阿魏酸	39.822 392 6
甲基丙二酸	N/A	没食子酸	1788.476 48
新绿原酸	N/A	丙酮酸	1 646.472 39
吲哚-2-羧酸	N/A	莽草酸	24 514.110 4
甲基丁二酸	N/A	牛磺酸	15.306 850 7
3,4-二羟基苯乙酸	N/A	DL-3-苯基乳酸	133.663 599
氢化肉桂酸	N/A	3-甲基己二酸	34.500 306 7
鼠尾草酸	N/A	邻羟基苯乙酸	12.388 241 3
柠康酸	N/A	5-羟甲基-2-呋喃甲酸	164.791 411
隐绿原酸	N/A	癸二酸	599.709 611
3-羟基苯乙酸	9 332.096 11	氯氨酮	7.922 852 76
高香草酸	N/A	马来酸	N/A
3-羟基-3-甲基谷氨酸	355.799 591		

二、糖含量

化合物中文名称	含量（mg/g）	化合物中文名称	含量（mg/g）
苯基-β-D-吡喃葡萄糖苷	N/A	1,5-酐-D-山梨糖醇	0.555 643 75
D-纤维二糖	0.092 124 791 7	D-甘露糖-6-磷酸钠	0.055 881 875
海藻糖	0.009 096 479 17	1,6-脱水-β-D-葡萄糖	0.373 262 5
蔗糖	282.333 333	肌醇	4.169 291 67
麦芽糖	0.070 813 333 3	D-葡萄糖醛酸	0.021 567 291 7
乳糖	N/A	葡萄糖	61.808 958 3
2-脱氧-D-葡萄糖	N/A	D-半乳糖醛酸	0.037 864 583 3
2-脱氧-D-核糖	N/A	D-半乳糖	0.123 438 958
D-甘露糖	N/A	L-岩藻糖	0.348 497 917
D-核糖	N/A	D-果糖	132.793 125
D-(+)-核糖酸-1,4-内酯	0.006 857 458 33	D-阿拉伯糖	0.028 969 166 7
D-木酮糖	0.005 024 395 83	阿拉伯糖醇	0.022 303 75
D-木糖	0.214 504 167	N-乙酰氨基葡萄糖	0.008 235 166 67
木糖醇	0.008 037 020 83	甲基β-D-吡喃半乳糖苷	0.067 722 916 7
D-山梨醇	0.021 764 791 7	L-鼠李糖	0.028 309 166 7
D-核糖-5-磷酸钡盐	0.048 282 916 7	棉子糖	N/A

三、花青素含量

化合物中文名称	含量（μg/g）	化合物中文名称	含量（μg/g）
矢车菊素-3-O-(6″-O-乙酰)葡萄糖苷	N/A	芍药花素-3-O-(6″-O-乙酰-丙二酰)葡萄糖苷	N/A
矢车菊素-3-O-(6″-对香豆酰)半乳糖苷	N/A	芍药花素-3-O-半乳糖苷	N/A
矢车菊素-3-O-(6″-咖啡酰)鼠李糖苷	N/A	芍药花素-3-O-(乙酰)(丙二酰)半乳糖苷	N/A
矢车菊素-3-O-半乳糖苷	0.002 670 216 11	芍药花素-3-O-(6″-O-乙酰)葡萄糖苷	N/A
矢车菊素-3-O-芸香糖苷	N/A	芍药花素-3-O-葡萄糖苷	N/A
矢车菊素-3-O-葡萄糖苷	N/A	芍药花素-3-O-木糖苷	N/A
飞燕草素-3-O-木糖苷	N/A	矮牵牛素-3-O-阿拉伯糖苷	N/A
飞燕草素-3-O-芸香糖苷	N/A	矮牵牛素-3-O-半乳糖苷	N/A
飞燕草素-3-O-(6″-O-乙酰)半乳糖苷	N/A	原花青素 B4	N/A
飞燕草素-3-O-槐糖苷	0.010 345 717 1	原花青素 B2	0.040 250 294 7
锦葵色素-3-O-木糖苷	N/A	原花青素 B3	0.027 451 473 5
锦葵色素-3-O-鼠李糖苷	N/A	原花青素 B1	1.106 178 78
锦葵色素	N/A	槲皮素-3-O-葡萄糖苷（异槲皮苷）	N/A
锦葵色素-3-O-葡萄糖苷	N/A	柚皮素	0.007 888 742 63
天竺葵素-3-O-半乳糖苷	N/A		

爱 文

一、有机酸含量

化合物中文名称	含量（ng/g）	化合物中文名称	含量（ng/g）
（R）-3-羟基丁酸	1 376.211 87	反式-乌头酸	158 351.442
齐墩果酸	N/A	L-苹果酸	1 204 868.37
戊二酸	N/A	己二酸	237.155 244
4-羟基马尿酸	N/A	邻氨基苯甲酸	2.696 803 18
乳酸	10 713.226 1	壬二酸	2 116.851 23
对羟基苯乙酸	N/A	顺式-乌头酸	109 458.838
2-羟基-3-甲基丁酸	24.339 323	富马酸	9 408.263 69
犬尿氨酸	N/A	3-(4-羟基苯基)乳酸	9.989 323 03
肉桂酸	N/A	α-酮戊二酸	37 168.407 9
3-吲哚乙酸	22.548 579 2	泛酸	12 975.658 2
苯乙酰甘氨酸	N/A	L-焦谷氨酸	1 225.407 44
3-羟基异戊酸	555.622 649	水杨酸	337.282 7
5-羟基吲哚-3-乙酸	N/A	辛二酸	391.874 216
乙基丙二酸	N/A	琥珀酸	54 696.406 2
吲哚-3-乙酸	N/A	酒石酸	10 296.991 2
山楂酸	N/A	2-羟基-2-甲基丁酸	291.269 327
苯甲酸	N/A	4-氨基丁酸	43 668.407 9
3-(3-羟基苯基)-3-羟基丙酸	N/A	4-香豆酸	180.656 08
3-羟基马尿酸	N/A	对羟基苯甲酸	286.294 4
马尿酸	N/A	咖啡酸	22.443 898 9
乙酰丙酸	N/A	阿魏酸	72.090 158 8
甲基丙二酸	N/A	没食子酸	509.428 542
新绿原酸	N/A	丙酮酸	632.557 459
吲哚-2-羧酸	N/A	莽草酸	46 754.596 7
甲基丁二酸	N/A	牛磺酸	25.717 091 5
3,4-二羟基苯乙酸	N/A	DL-3-苯基乳酸	3 456.341 41
氢化肉桂酸	N/A	3-甲基己二酸	77.640 827 4
鼠尾草酸	N/A	邻羟基苯乙酸	11.600 501 5
柠康酸	N/A	5-羟甲基-2-呋喃甲酸	218.068 324
隐绿原酸	N/A	癸二酸	45.518 073 5
3-羟基苯乙酸	1 970.674 89	氯氨酮	N/A
高香草酸	N/A	马来酸	N/A
3-羟基-3-甲基谷氨酸	159.054 534		

二、糖含量

化合物中文名称	含量（mg/g）	化合物中文名称	含量（mg/g）
苯基-β-D-吡喃葡萄糖苷	N/A	1,5-酐-D-山梨糖醇	1.008 259 49
D-纤维二糖	0.167 495 627	D-甘露糖-6-磷酸钠	0.062 957 039 9
海藻糖	0.016 223 142 7	1,6-脱水-β-D-葡萄糖	0.326 744 834
蔗糖	304.768 861	肌醇	5.573 435 85
麦芽糖	0.193 716 482	D-葡萄糖醛酸	0.016 033 022 6
乳糖	N/A	葡萄糖	42.655 069 7
2-脱氧-D-葡萄糖	N/A	D-半乳糖醛酸	0.138 620 279
2-脱氧-D-核糖	N/A	D-半乳糖	0.122 030 562
D-甘露糖	N/A	L-岩藻糖	0.208 363 287
D-核糖	N/A	D-果糖	185.468 909
D-(+)-核糖酸-1,4-内酯	0.005 984 238 35	D-阿拉伯糖	0.019 083 652 1
D-木酮糖	0.004 453 205 19	阿拉伯糖醇	0.015 644 651 6
D-木糖	0.109 762 614	N-乙酰氨基葡萄糖	0.008 181 508 89
木糖醇	0.006 862 758 29	甲基β-D-吡喃半乳糖苷	0.053 506 391 2
D-山梨醇	0.026 686 977 4	L-鼠李糖	0.017 770 129 7
D-核糖-5-磷酸钡盐	0.024 779 048 5	棉子糖	N/A

三、花青素含量

化合物中文名称	含量（μg/g）	化合物中文名称	含量（μg/g）
矢车菊素-3-O-(6″-O-乙酰)葡萄糖苷	N/A	芍药花素-3-O-(6″-O-乙酰-丙二酰)葡萄糖苷	N/A
矢车菊素-3-O-(6″-对香豆酰)半乳糖苷	N/A	芍药花素-3-O-半乳糖苷	N/A
矢车菊素-3-O-(6″-咖啡酰)鼠李糖苷	N/A	芍药花素-3-O-(乙酰)(丙二酰)半乳糖苷	N/A
矢车菊素-3-O-半乳糖苷	N/A	芍药花素-3-O-(6″-O-乙酰)葡萄糖苷	N/A
矢车菊素-3-O-芸香糖苷	N/A	芍药花素-3-O-葡萄糖苷	N/A
矢车菊素-3-O-葡萄糖苷	N/A	芍药花素-3-O-木糖苷	N/A
飞燕草素-3-O-木糖苷	0.015 542 777 6	矮牵牛素-3-O-阿拉伯糖苷	N/A
飞燕草素-3-O-芸香糖苷	0.007 473 995 22	矮牵牛素-3-O-半乳糖苷	N/A
飞燕草素-3-O-(6″-O-乙酰)半乳糖苷	N/A	原花青素 B4	N/A
飞燕草素-3-O-槐糖苷	N/A	原花青素 B2	N/A
锦葵色素-3-O-木糖苷	N/A	原花青素 B3	0.024 706 327 1
锦葵色素-3-O-鼠李糖苷	N/A	原花青素 B1	0.372 077 199
锦葵色素	N/A	槲皮素-3-O-葡萄糖苷（异槲皮苷）	N/A
锦葵色素-3-O-葡萄糖苷	N/A	柚皮素	N/A
天竺葵素-3-O-半乳糖苷	N/A		

白象牙

一、有机酸含量

化合物中文名称	含量（ng/g）	化合物中文名称	含量（ng/g）
（R）-3-羟基丁酸	6 248.820 21	反式-乌头酸	187 545.417
齐墩果酸	7.669 085 4	L-苹果酸	829 815.202
戊二酸	1 611.411 57	己二酸	151.762 372
4-羟基马尿酸	N/A	邻氨基苯甲酸	3.064 689 91
乳酸	7 130.037 59	壬二酸	987.896 221
对羟基苯乙酸	N/A	顺式-乌头酸	279 282.731
2-羟基-3-甲基丁酸	N/A	富马酸	2 304.635 62
犬尿氨酸	N/A	3-（4-羟基苯基）乳酸	16.995 092 9
肉桂酸	N/A	α-酮戊二酸	7 272.885 78
3-吲哚乙酸	N/A	泛酸	5 437.784 51
苯乙酰甘氨酸	N/A	L-焦谷氨酸	7 785.132 6
3-羟基异戊酸	N/A	水杨酸	300.608 687
5-羟基吲哚-3-乙酸	N/A	辛二酸	316.995 197
乙基丙二酸	N/A	琥珀酸	30 720.087 7
吲哚-3-乙酸	N/A	酒石酸	9 500.522 03
山楂酸	N/A	2-羟基-2-甲基丁酸	2 278.847 36
苯甲酸	N/A	4-氨基丁酸	68 297.243 7
3-（3-羟基苯基）-3-羟基丙酸	N/A	4-香豆酸	94.899 979 1
3-羟基马尿酸	N/A	对羟基苯甲酸	432.188 348
马尿酸	N/A	咖啡酸	172.456 672
乙酰丙酸	N/A	阿魏酸	73.755 794 5
甲基丙二酸	N/A	没食子酸	7 551.325 96
新绿原酸	N/A	丙酮酸	317.137 189
吲哚-2-羧酸	N/A	莽草酸	46 351.117 1
甲基丁二酸	N/A	牛磺酸	83.764 773 4
3,4-二羟基苯乙酸	N/A	DL-3-苯基乳酸	215.400 919
氢化肉桂酸	N/A	3-甲基己二酸	10.653 372 3
鼠尾草酸	N/A	邻羟基苯乙酸	14.374 712 9
柠康酸	N/A	5-羟甲基-2-呋喃甲酸	38.303 925 7
隐绿原酸	N/A	癸二酸	139.378 785
3-羟基苯乙酸	N/A	氯氨酮	N/A
高香草酸	N/A	马来酸	N/A
3-羟基-3-甲基谷氨酸	151.190 228		

二、糖含量

化合物中文名称	含量（mg/g）	化合物中文名称	含量（mg/g）
苯基-β-D-吡喃葡萄糖苷	N/A	1,5-酐-D-山梨糖醇	1.057 767 2
D-纤维二糖	0.095 535 644 1	D-甘露糖-6-磷酸钠	0.084 171 753 8
海藻糖	0.010 056 699 4	1,6-脱水-β-D-葡萄糖	0.397 967 926
蔗糖	323.099 845	肌醇	2.413 471 29
麦芽糖	0.149 941 852	D-葡萄糖醛酸	0.025 132 540 1
乳糖	N/A	葡萄糖	75.915 157 8
2-脱氧-D-葡萄糖	N/A	D-半乳糖醛酸	0.040 145 059 5
2-脱氧-D-核糖	N/A	D-半乳糖	0.156 367 098
D-甘露糖	N/A	L-岩藻糖	0.367 052 25
D-核糖	N/A	D-果糖	173.122 4
D-(+)-核糖酸-1,4-内酯	0.006 817 113 3	D-阿拉伯糖	0.034 710 398 3
D-木酮糖	0.008 751 577 86	阿拉伯糖醇	0.018 116 792 6
D-木糖	0.369 456 803	N-乙酰氨基葡萄糖	0.009 773 574 75
木糖醇	0.008 949 177 44	甲基β-D-吡喃半乳糖苷	0.057 470 253 5
D-山梨醇	0.034 203 621 3	L-鼠李糖	0.024 073 047 1
D-核糖-5-磷酸钡盐	0.057 287 946 2	棉子糖	N/A

三、花青素含量

化合物中文名称	含量（μg/g）	化合物中文名称	含量（μg/g）
矢车菊素-3-O-(6″-O-乙酰)葡萄糖苷	N/A	芍药花素-3-O-(6″-O-乙酰-丙二酰)葡萄糖苷	N/A
矢车菊素-3-O-(6″-对香豆酰)半乳糖苷	N/A	芍药花素-3-O-半乳糖苷	N/A
矢车菊素-3-O-(6″-咖啡酰)鼠李糖苷	N/A	芍药花素-3-O-(乙酰)(丙二酰)半乳糖苷	0.002 156 388 28
矢车菊素-3-O-半乳糖苷	0.004 259 278 45	芍药花素-3-O-(6″-O-乙酰)葡萄糖苷	N/A
矢车菊素-3-O-芸香糖苷	N/A	芍药花素-3-O-葡萄糖苷	N/A
矢车菊素-3-O-葡萄糖苷	N/A	芍药花素-3-O-木糖苷	N/A
飞燕草素-3-O-木糖苷	N/A	矮牵牛素-3-O-阿拉伯糖苷	N/A
飞燕草素-3-O-芸香糖苷	N/A	矮牵牛素-3-O-半乳糖苷	N/A
飞燕草素-3-O-(6″-O-乙酰)半乳糖苷	N/A	原花青素B4	0.069 449 073 2
飞燕草素-3-O-槐糖苷	N/A	原花青素B2	0.193 804 066
锦葵色素-3-O-木糖苷	N/A	原花青素B3	0.103 610 923
锦葵色素-3-O-鼠李糖苷	N/A	原花青素B1	7.679 768 79
锦葵色素	N/A	槲皮素-3-O-葡萄糖苷（异槲皮苷）	N/A
锦葵色素-3-O-葡萄糖苷	0.006 078 752 24	柚皮素	N/A
天竺葵素-3-O-半乳糖苷	N/A		

白 玉

一、有机酸含量

化合物中文名称	含量（ng/g）	化合物中文名称	含量（ng/g）
（R）-3-羟基丁酸	56 059.051 9	反式-乌头酸	254 672.047
齐墩果酸	8.498 804 66	L-苹果酸	1 679 852.88
戊二酸	2 850.929 71	己二酸	1 092.153 66
4-羟基马尿酸	N/A	邻氨基苯甲酸	1.082 570 49
乳酸	N/A	壬二酸	5453.974 25
对羟基苯乙酸	38.224 356 4	顺式-乌头酸	239 195.954
2-羟基-3-甲基丁酸	111.297 507	富马酸	8 092.766 65
犬尿氨酸	N/A	3-（4-羟基苯基）乳酸	1 360.829 59
肉桂酸	45.381 691 9	α-酮戊二酸	32 668.778 1
3-吲哚乙酸	24.218 328 6	泛酸	11 570.596 6
苯乙酰甘氨酸	N/A	L-焦谷氨酸	813.296 894
3-羟基异戊酸	N/A	水杨酸	23.208 827 1
5-羟基吲哚-3-乙酸	8.232 836 13	辛二酸	3 305.711 07
乙基丙二酸	N/A	琥珀酸	110 988.966
吲哚-3-乙酸	N/A	酒石酸	11 219.963 2
山楂酸	N/A	2-羟基-2-甲基丁酸	2 433.060 89
苯甲酸	N/A	4-氨基丁酸	67 225.275 8
3-（3-羟基苯基）-3-羟基丙酸	N/A	4-香豆酸	232.577 646
3-羟基马尿酸	N/A	对羟基苯甲酸	354.714 957
马尿酸	N/A	咖啡酸	96.632 202 7
乙酰丙酸	N/A	阿魏酸	110.584 389
甲基丙二酸	N/A	没食子酸	1 855.711 07
新绿原酸	N/A	丙酮酸	900.607 887
吲哚-2-羧酸	N/A	莽草酸	21 510.216 6
甲基丁二酸	N/A	牛磺酸	83.701 573 4
3,4-二羟基苯乙酸	N/A	DL-3-苯基乳酸	336.424 193
氢化肉桂酸	N/A	3-甲基己二酸	259.868 206
鼠尾草酸	N/A	邻羟基苯乙酸	0.388 948 713
柠康酸	N/A	5-羟甲基-2-呋喃甲酸	355.475 072
隐绿原酸	N/A	癸二酸	220.714 14
3-羟基苯乙酸	N/A	氯氨酮	82.453 310 2
高香草酸	N/A	马来酸	N/A
3-羟基-3-甲基谷氨酸	171.791 99		

二、糖含量

化合物中文名称	含量（mg/g）	化合物中文名称	含量（mg/g）
苯基-β-D-吡喃葡萄糖苷	N/A	1,5-酐-D-山梨糖醇	2.059 089 07
D-纤维二糖	0.100 486 032	D-甘露糖-6-磷酸钠	0.076 203 238 9
海藻糖	0.007 890 101 21	1,6-脱水-β-D-葡萄糖	0.329 779 352
蔗糖	288.008 097	肌醇	3.339 048 58
麦芽糖	0.110 919 028	D-葡萄糖醛酸	0.031 375 506 1
乳糖	N/A	葡萄糖	87.455 870 4
2-脱氧-D-葡萄糖	N/A	D-半乳糖醛酸	0.083 245 749
2-脱氧-D-核糖	N/A	D-半乳糖	0.218 724 696
D-甘露糖	N/A	L-岩藻糖	0.336 767 206
D-核糖	N/A	D-果糖	148.764 372
D-（+）-核糖酸-1,4-内酯	0.007 727 186 23	D-阿拉伯糖	0.053 381 983 8
D-木酮糖	0.009 890 850 2	阿拉伯糖醇	0.021 673 076 9
D-木糖	0.153 327 733	N-乙酰氨基葡萄糖	0.012 685 445 3
木糖醇	0.011 406 275 3	甲基β-D-吡喃半乳糖苷	0.081 080 161 9
D-山梨醇	0.059 314 17	L-鼠李糖	0.039 147 773 3
D-核糖-5-磷酸钡盐	0.044 635 222 7	棉子糖	N/A

三、花青素含量

化合物中文名称	含量（μg/g）	化合物中文名称	含量（μg/g）
矢车菊素-3-O-（6″-O-乙酰）葡萄糖苷	N/A	芍药花素-3-O-（6″-O-乙酰-丙二酰）葡萄糖苷	N/A
矢车菊素-3-O-（6″-对香豆酰）半乳糖苷	N/A	芍药花素-3-O-半乳糖苷	N/A
矢车菊素-3-O-（6″-咖啡酰）鼠李糖苷	N/A	芍药花素-3-O-（乙酰）（丙二酰）半乳糖苷	N/A
矢车菊素-3-O-半乳糖苷	N/A	芍药花素-3-O-（6″-O-乙酰）葡萄糖苷	N/A
矢车菊素-3-O-芸香糖苷	N/A	芍药花素-3-O-葡萄糖苷	N/A
矢车菊素-3-O-葡萄糖苷	N/A	芍药花素-3-O-木糖苷	N/A
飞燕草素-3-O-木糖苷	N/A	矮牵牛素-3-O-阿拉伯糖苷	N/A
飞燕草素-3-O-芸香糖苷	N/A	矮牵牛素-3-O-半乳糖苷	N/A
飞燕草素-3-O-（6″-O-乙酰）半乳糖苷	N/A	原花青素 B4	N/A
飞燕草素-3-O-槐糖苷	0.012 716 029 3	原花青素 B2	N/A
锦葵色素-3-O-木糖苷	N/A	原花青素 B3	0.133 567 331
锦葵色素-3-O-鼠李糖苷	N/A	原花青素 B1	0.313 130 594
锦葵色素	N/A	槲皮素-3-O-葡萄糖苷（异槲苷）	0.247 036 208
锦葵色素-3-O-葡萄糖苷	0.003 032 526 44	柚皮素	0.007 500 589 91
天竺葵素-3-O-半乳糖苷	N/A		

大白玉

一、有机酸含量

化合物中文名称	含量（ng/g）	化合物中文名称	含量（ng/g）
（R）-3-羟基丁酸	6 622.686 41	反式-乌头酸	95 912.666
齐墩果酸	N/A	L-苹果酸	847 753.83
戊二酸	3 600.602 66	己二酸	119.304 392
4-羟基马尿酸	2.549 570 99	邻氨基苯甲酸	1.952 124 62
乳酸	N/A	壬二酸	576.874 362
对羟基苯乙酸	N/A	顺式-乌头酸	176 126.66
2-羟基-3-甲基丁酸	N/A	富马酸	1 747.048 01
犬尿氨酸	N/A	3-（4-羟基苯基）乳酸	3.601 716 04
肉桂酸	N/A	α-酮戊二酸	9 108.100 1
3-吲哚乙酸	N/A	泛酸	9 773.983 66
苯乙酰甘氨酸	5.562 277 83	L-焦谷氨酸	4 898.243 11
3-羟基异戊酸	296.594 484	水杨酸	27.996 935 6
5-羟基吲哚-3-乙酸	N/A	辛二酸	129.632 278
乙基丙二酸	N/A	琥珀酸	27 359.448 4
吲哚-3-乙酸	N/A	酒石酸	10 098.825 3
山楂酸	N/A	2-羟基-2-甲基丁酸	363.062 308
苯甲酸	N/A	4-氨基丁酸	63 177.630 2
3-（3-羟基苯基）-3-羟基丙酸	N/A	4-香豆酸	468.206 333
3-羟基马尿酸	N/A	对羟基苯甲酸	785.296 221
马尿酸	N/A	咖啡酸	189.527 068
乙酰丙酸	N/A	阿魏酸	140.743 616
甲基丙二酸	N/A	没食子酸	3 426.455 57
新绿原酸	N/A	丙酮酸	494.876 404
吲哚-2-羧酸	N/A	莽草酸	19 767.926 5
甲基丁二酸	N/A	牛磺酸	48.062 002
3,4-二羟基苯乙酸	N/A	DL-3-苯基乳酸	N/A
氢化肉桂酸	N/A	3-甲基己二酸	N/A
鼠尾草酸	N/A	邻羟基苯乙酸	12.016 138 9
柠康酸	N/A	5-羟甲基-2-呋喃甲酸	70.199 387 1
隐绿原酸	N/A	癸二酸	38.120 429
3-羟基苯乙酸	N/A	氯氨酮	6.403 687 44
高香草酸	N/A	马来酸	N/A
3-羟基-3-甲基谷氨酸	238.823 289		

二、糖含量

化合物中文名称	含量（mg/g）	化合物中文名称	含量（mg/g）
苯基-β-D-吡喃葡萄糖苷	N/A	1,5-酐-D-山梨糖醇	0.353 146 547
D-纤维二糖	0.129 465 872	D-甘露糖-6-磷酸钠	0.050 763 835 1
海藻糖	0.009 921 212 12	1,6-脱水-β-D-葡萄糖	0.399 604 57
蔗糖	301.635 37	肌醇	1.594 106 31
麦芽糖	0.225 538 003	D-葡萄糖醛酸	0.019 459 076
乳糖	N/A	葡萄糖	47.071 833 1
2-脱氧-D-葡萄糖	N/A	D-半乳糖醛酸	0.166 918 828
2-脱氧-D-核糖	N/A	D-半乳糖	0.100 841 729
D-甘露糖	N/A	L-岩藻糖	0.249 434 675
D-核糖	N/A	D-果糖	149.574 367
D-(+)-核糖酸-1,4-内酯	0.005 932 121 21	D-阿拉伯糖	0.020 796 820 7
D-木酮糖	0.004 269 587 68	阿拉伯糖醇	0.013 796 065 6
D-木糖	0.136 090 214	N-乙酰氨基葡萄糖	0.008 597 933 43
木糖醇	0.007 473 402 88	甲基β-D-吡喃半乳糖苷	0.035 117 933 4
D-山梨醇	0.026 716 939 9	L-鼠李糖	0.025 952 508 7
D-核糖-5-磷酸钡盐	0.090 877 098 9	棉子糖	N/A

三、花青素含量

化合物中文名称	含量（μg/g）	化合物中文名称	含量（μg/g）
矢车菊素-3-O-(6″-O-乙酰)葡萄糖苷	N/A	芍药花素-3-O-(6″-O-乙酰-丙二酰)葡萄糖苷	0.003 110 501 1
矢车菊素-3-O-(6″-对香豆酰)半乳糖苷	N/A	芍药花素-3-O-半乳糖苷	N/A
矢车菊素-3-O-(6″-咖啡酰)鼠李糖苷	N/A	芍药花素-3-O-(乙酰)(丙二酰)半乳糖苷	N/A
矢车菊素-3-O-半乳糖苷	0.010 839 568 8	芍药花素-3-O-(6″-O-乙酰)葡萄糖苷	N/A
矢车菊素-3-O-芸香糖苷	N/A	芍药花素-3-O-葡萄糖苷	N/A
矢车菊素-3-O-葡萄糖苷	N/A	芍药花素-3-O-木糖苷	N/A
飞燕草素-3-O-木糖苷	N/A	矮牵牛素-3-O-阿拉伯糖苷	N/A
飞燕草素-3-O-芸香糖苷	0.007 713 795 17	矮牵牛素-3-O-半乳糖苷	N/A
飞燕草素-3-O-(6″-O-乙酰)半乳糖苷	N/A	原花青素 B4	0.044 245 957 3
飞燕草素-3-O-槐糖苷	N/A	原花青素 B2	0.100 009 183
锦葵色素-3-O-木糖苷	N/A	原花青素 B3	0.103 027 95
锦葵色素-3-O-鼠李糖苷	N/A	原花青素 B1	6.144 440 01
锦葵色素	N/A	槲皮素-3-O-葡萄糖苷（异槲皮苷）	N/A
锦葵色素-3-O-葡萄糖苷	0.005 308 744 26	柚皮素	N/A
天竺葵素-3-O-半乳糖苷	N/A		

大果秋芒

一、有机酸含量

化合物中文名称	含量（ng/g）	化合物中文名称	含量（ng/g）
（R）-3-羟基丁酸	28 913.212 2	反式-乌头酸	85 540.228 7
齐墩果酸	16.346 947 1	L-苹果酸	962 637.329
戊二酸	1 309.005 51	己二酸	88.791 402 9
4-羟基马尿酸	N/A	邻氨基苯甲酸	3.927 251 38
乳酸	N/A	壬二酸	352.349 398
对羟基苯乙酸	N/A	顺式-乌头酸	176 723.504
2-羟基-3-甲基丁酸	N/A	富马酸	4 059.464 98
犬尿氨酸	N/A	3-（4-羟基苯基）乳酸	54.809 373 1
肉桂酸	N/A	α-酮戊二酸	10 430.671 8
3-吲哚乙酸	N/A	泛酸	10 249.336 3
苯乙酰甘氨酸	N/A	L-焦谷氨酸	2 796.885 85
3-羟基异戊酸	N/A	水杨酸	18.410 863 8
5-羟基吲哚-3-乙酸	N/A	辛二酸	21.363 59
乙基丙二酸	2372.401 47	琥珀酸	42 306.207 9
吲哚-3-乙酸	N/A	酒石酸	12 845.619 8
山楂酸	N/A	2-羟基-2-甲基丁酸	1 265.836 23
苯甲酸	N/A	4-氨基丁酸	45 375.025 5
3-（3-羟基苯基）-3-羟基丙酸	N/A	4-香豆酸	129.508 883
3-羟基马尿酸	N/A	对羟基苯甲酸	417.527 057
马尿酸	N/A	咖啡酸	13.084 95
乙酰丙酸	N/A	阿魏酸	391.077 19
甲基丙二酸	N/A	没食子酸	668.487 85
新绿原酸	N/A	丙酮酸	430.033 694
吲哚-2-羧酸	N/A	莽草酸	147 908.924
甲基丁二酸	N/A	牛磺酸	44.311 108 8
3,4-二羟基苯乙酸	N/A	DL-3-苯基乳酸	27.555 748 4
氢化肉桂酸	N/A	3-甲基己二酸	22.591 178 3
鼠尾草酸	N/A	邻羟基苯乙酸	8.560 067 39
柠康酸	N/A	5-羟甲基-2-呋喃甲酸	172.763 937
隐绿原酸	N/A	癸二酸	14.729 936 7
3-羟基苯乙酸	6 291.188 48	氯氨酮	144.153 563
高香草酸	N/A	马来酸	N/A
3-羟基-3-甲基谷氨酸	165.709 618		

二、糖含量

化合物中文名称	含量（mg/g）	化合物中文名称	含量（mg/g）
苯基-β-D-吡喃葡萄糖苷	N/A	1,5-酐-D-山梨糖醇	5.412 224 41
D-纤维二糖	0.239 946 85	D-甘露糖-6-磷酸钠	0.087 610 039 4
海藻糖	0.008 365 374 02	1,6-脱水-β-D-葡萄糖	0.175 496 26
蔗糖	125.997 047	肌醇	8.164 606 3
麦芽糖	0.120 759 055	D-葡萄糖醛酸	0.028 851 771 7
乳糖	N/A	葡萄糖	147.873 031
2-脱氧-D-葡萄糖	N/A	D-半乳糖醛酸	0.456 718 504
2-脱氧-D-核糖	N/A	D-半乳糖	0.232 807 087
D-甘露糖	N/A	L-岩藻糖	0.333 102 362
D-核糖	N/A	D-果糖	256.267 717
D-(+)-核糖酸-1,4-内酯	0.008 239 566 93	D-阿拉伯糖	0.035 240 157 5
D-木酮糖	0.017 443 464 6	阿拉伯糖醇	0.021 204 133 9
D-木糖	0.797 972 441	N-乙酰氨基葡萄糖	0.006 635 334 65
木糖醇	0.009 906 358 27	甲基β-D-吡喃半乳糖苷	0.101 416 142
D-山梨醇	0.027 617 913 4	L-鼠李糖	0.024 143 307 1
D-核糖-5-磷酸钡盐	0.056 162 598 4	棉子糖	N/A

三、花青素含量

化合物中文名称	含量（μg/g）	化合物中文名称	含量（μg/g）
矢车菊素-3-O-(6″-O-乙酰)葡萄糖苷	N/A	芍药花素-3-O-(6″-O-乙酰-丙二酰)葡萄糖苷	N/A
矢车菊素-3-O-(6″-对香豆酰)半乳糖苷	N/A	芍药花素-3-O-半乳糖苷	N/A
矢车菊素-3-O-(6″-咖啡酰)鼠李糖苷	N/A	芍药花素-3-O-(乙酰)(丙二酰)半乳糖苷	N/A
矢车菊素-3-O-半乳糖苷	N/A	芍药花素-3-O-(6″-O-乙酰)葡萄糖苷	N/A
矢车菊素-3-O-芸香糖苷	N/A	芍药花素-3-O-葡萄糖苷	N/A
矢车菊素-3-O-葡萄糖苷	N/A	芍药花素-3-O-木糖苷	N/A
飞燕草素-3-O-木糖苷	N/A	矮牵牛素-3-O-阿拉伯糖苷	N/A
飞燕草素-3-O-芸香糖苷	N/A	矮牵牛素-3-O-半乳糖苷	N/A
飞燕草素-3-O-(6″-O-乙酰)半乳糖苷	N/A	原花青素 B4	N/A
飞燕草素-3-O-槐糖苷	0.012 780 840 5	原花青素 B2	0.049 542 322 2
锦葵色素-3-O-木糖苷	N/A	原花青素 B3	0.116 730 731
锦葵色素-3-O-鼠李糖苷	N/A	原花青素 B1	0.909 167 497
锦葵色素	N/A	槲皮素-3-O-葡萄糖苷（异槲皮苷）	N/A
锦葵色素-3-O-葡萄糖苷	0.006 622 306 31	柚皮素	0.007 303 246 37
天竺葵素-3-O-半乳糖苷	N/A		

大三年

一、有机酸含量

化合物中文名称	含量（ng/g）	化合物中文名称	含量（ng/g）
（R）-3-羟基丁酸	9 621.027 45	反式-乌头酸	182 129.784
齐墩果酸	N/A	L-苹果酸	1 958 496.26
戊二酸	N/A	己二酸	343.545 133
4-羟基马尿酸	3.951 424 71	邻氨基苯甲酸	1.295 601 08
乳酸	4 114.122 3	壬二酸	3 720.465 89
对羟基苯乙酸	3.826 216 72	顺式-乌头酸	90 987.728 8
2-羟基-3-甲基丁酸	N/A	富马酸	7 722.015 39
犬尿氨酸	N/A	3-（4-羟基苯基）乳酸	4.748 523 29
肉桂酸	N/A	α-酮戊二酸	24 628.535 8
3-吲哚乙酸	N/A	泛酸	14 994.072 4
苯乙酰甘氨酸	N/A	L-焦谷氨酸	1 048.471 3
3-羟基异戊酸	N/A	水杨酸	29.083 402 7
5-羟基吲哚-3-乙酸	N/A	辛二酸	1 492.335 69
乙基丙二酸	N/A	琥珀酸	59 335.690 5
吲哚-3-乙酸	N/A	酒石酸	9 515.734 19
山楂酸	N/A	2-羟基-2-甲基丁酸	2 299.022 46
苯甲酸	N/A	4-氨基丁酸	37 862.104 8
3-（3-羟基苯基）-3-羟基丙酸	N/A	4-香豆酸	79.686 148 1
3-羟基马尿酸	N/A	对羟基苯甲酸	296.116 889
马尿酸	N/A	咖啡酸	53.032 133 9
乙酰丙酸	N/A	阿魏酸	56.699 251 2
甲基丙二酸	N/A	没食子酸	1 031.353 99
新绿原酸	N/A	丙酮酸	866.533 902
吲哚-2-羧酸	N/A	莽草酸	8 522.691 35
甲基丁二酸	N/A	牛磺酸	23.707 570 7
3,4-二羟基苯乙酸	N/A	DL-3-苯基乳酸	116.000 416
氢化肉桂酸	N/A	3-甲基己二酸	110.394 135
鼠尾草酸	N/A	邻羟基苯乙酸	7.166 441 35
柠康酸	N/A	5-羟甲基-2-呋喃甲酸	100.852 225
隐绿原酸	N/A	癸二酸	19.704 138 9
3-羟基苯乙酸	N/A	氯氨酮	2.013 799 92
高香草酸	N/A	马来酸	N/A
3-羟基-3-甲基谷氨酸	116.607 737		

二、糖含量

化合物中文名称	含量（mg/g）	化合物中文名称	含量（mg/g）
苯基-β-D-吡喃葡萄糖苷	N/A	1,5-酐-D-山梨糖醇	0.910 201 835
D-纤维二糖	0.154 142 712	D-甘露糖-6-磷酸钠	0.078 486 238 5
海藻糖	0.011 794 699 3	1,6-脱水-β-D-葡萄糖	0.363 011 213
蔗糖	402.230 377	肌醇	4.735 249 75
麦芽糖	0.080 722 324 2	D-葡萄糖醛酸	0.024 097 247 7
乳糖	N/A	葡萄糖	117.544 343
2-脱氧-D-葡萄糖	N/A	D-半乳糖醛酸	0.064 778 389 4
2-脱氧-D-核糖	N/A	D-半乳糖	0.228 854 23
D-甘露糖	N/A	L-岩藻糖	0.333 200 815
D-核糖	N/A	D-果糖	156.836 493
D-（+）-核糖酸-1,4-内酯	0.008 225 586 14	D-阿拉伯糖	0.028 358 817 5
D-木酮糖	0.006 786 931 7	阿拉伯糖醇	0.023 771 865 4
D-木糖	0.119 485 627	N-乙酰氨基葡萄糖	0.009 157 492 35
木糖醇	0.008 548 725 79	甲基β-D-吡喃半乳糖苷	0.049 103 975 5
D-山梨醇	0.033 735 575 9	L-鼠李糖	0.036 581 651 4
D-核糖-5-磷酸钡盐	0.062 030 377 2	棉子糖	N/A

三、花青素含量

化合物中文名称	含量（μg/g）	化合物中文名称	含量（μg/g）
矢车菊素-3-O-（6″-O-乙酰）葡萄糖苷	N/A	芍药花素-3-O-（6″-O-乙酰-丙二酰）葡萄糖苷	0.001 997 754 73
矢车菊素-3-O-（6″-对香豆酰）半乳糖苷	N/A	芍药花素-3-O-半乳糖苷	0.010 387 065 3
矢车菊素-3-O-（6″-咖啡酰）鼠李糖苷	N/A	芍药花素-3-O-（乙酰）（丙二酰）半乳糖苷	N/A
矢车菊素-3-O-半乳糖苷	0.004 408 602 81	芍药花素-3-O-（6″-O-乙酰）葡萄糖苷	N/A
矢车菊素-3-O-芸香糖苷	N/A	芍药花素-3-O-葡萄糖苷	N/A
矢车菊素-3-O-葡萄糖苷	N/A	芍药花素-3-O-木糖苷	N/A
飞燕草素-3-O-木糖苷	N/A	矮牵牛素-3-O-阿拉伯糖苷	N/A
飞燕草素-3-O-芸香糖苷	0.006 507 463 9	矮牵牛素-3-O-半乳糖苷	N/A
飞燕草素-3-O-（6″-O-乙酰）半乳糖苷	N/A	原花青素 B4	N/A
飞燕草素-3-O-槐糖苷	N/A	原花青素 B2	0.048 466 341 3
锦葵色素-3-O-木糖苷	N/A	原花青素 B3	0.111 939 801
锦葵色素-3-O-鼠李糖苷	N/A	原花青素 B1	1.585 792 15
锦葵色素	N/A	槲皮素-3-O-葡萄糖苷（异槲皮苷）	N/A
锦葵色素-3-O-葡萄糖苷	0.003 778 930 24	柚皮素	N/A
天竺葵素-3-O-半乳糖苷	0.028 118 364 9		

大象牙

一、有机酸含量

化合物中文名称	含量（ng/g）	化合物中文名称	含量（ng/g）
（R）-3-羟基丁酸	35 207.514 3	反式-乌头酸	174 046.888
齐墩果酸	N/A	L-苹果酸	1 597 757.99
戊二酸	8 134.520 88	己二酸	1 195.669 53
4-羟基马尿酸	N/A	邻氨基苯甲酸	1.803 255 53
乳酸	N/A	壬二酸	399.381 654
对羟基苯乙酸	N/A	顺式-乌头酸	215 608.108
2-羟基-3-甲基丁酸	N/A	富马酸	6 688.032 35
犬尿氨酸	N/A	3-（4-羟基苯基）乳酸	6.491 922 6
肉桂酸	N/A	α-酮戊二酸	31 667.280 9
3-吲哚乙酸	N/A	泛酸	12 106.265 4
苯乙酰甘氨酸	N/A	L-焦谷氨酸	8 672.747 75
3-羟基异戊酸	N/A	水杨酸	140.593 776
5-羟基吲哚-3-乙酸	N/A	辛二酸	142.847 052
乙基丙二酸	N/A	琥珀酸	64 135.954 1
吲哚-3-乙酸	N/A	酒石酸	9 908.220 72
山楂酸	N/A	2-羟基-2-甲基丁酸	5 327.375 1
苯甲酸	N/A	4-氨基丁酸	69 998.669 1
3-（3-羟基苯基）-3-羟基丙酸	N/A	4-香豆酸	50.259 930 4
3-羟基马尿酸	N/A	对羟基苯甲酸	204.875 102
马尿酸	N/A	咖啡酸	60.092 137 6
乙酰丙酸	N/A	阿魏酸	143.576 986
甲基丙二酸	N/A	没食子酸	3 091.779 28
新绿原酸	N/A	丙酮酸	932.807 125
吲哚-2-羧酸	N/A	莽草酸	52 418.509 4
甲基丁二酸	N/A	牛磺酸	N/A
3,4-二羟基苯乙酸	N/A	DL-3-苯基乳酸	336.963 554
氢化肉桂酸	N/A	3-甲基己二酸	114.846 437
鼠尾草酸	N/A	邻羟基苯乙酸	22.923 832 9
柠康酸	N/A	5-羟甲基-2-呋喃甲酸	192.695 536
隐绿原酸	N/A	癸二酸	165.672 604
3-羟基苯乙酸	3 537.571 66	氯氨酮	86.466 932 8
高香草酸	N/A	马来酸	N/A
3-羟基-3-甲基谷氨酸	158.014 947		

二、糖含量

化合物中文名称	含量（mg/g）	化合物中文名称	含量（mg/g）
苯基-β-D-吡喃葡萄糖苷	N/A	1,5-酐-D-山梨糖醇	0.313 184 615
D-纤维二糖	0.080 965 576 9	D-甘露糖-6-磷酸钠	0.052 743 461 5
海藻糖	0.008 879 826 92	1,6-脱水-β-D-葡萄糖	0.436 053 846
蔗糖	312.340 385	肌醇	4.763 634 62
麦芽糖	0.163 902 308	D-葡萄糖醛酸	0.020 200 961 5
乳糖	N/A	葡萄糖	56.208 076 9
2-脱氧-D-葡萄糖	N/A	D-半乳糖醛酸	0.088 673 653 8
2-脱氧-D-核糖	N/A	D-半乳糖	0.185 645
D-甘露糖	N/A	L-岩藻糖	0.236 534 615
D-核糖	N/A	D-果糖	109.343 846
D-(+)-核糖酸-1,4-内酯	0.006 039 25	D-阿拉伯糖	0.038 484 038 5
D-木酮糖	0.003 938 019 23	阿拉伯糖醇	0.016 500 557 7
D-木糖	0.154 622 885	N-乙酰氨基葡萄糖	0.009 584 346 15
木糖醇	0.007 458 769 23	甲基β-D-吡喃半乳糖苷	0.035 810 192 3
D-山梨醇	0.022 926 923 1	L-鼠李糖	0.028 828 269 2
D-核糖-5-磷酸钡盐	0.081 760 576 9	棉子糖	N/A

三、花青素含量

化合物中文名称	含量（μg/g）	化合物中文名称	含量（μg/g）
矢车菊素-3-O-(6″-O-乙酰)葡萄糖苷	N/A	芍药花素-3-O-(6″-乙酰-丙二酰)葡萄糖苷	0.003 099 421 04
矢车菊素-3-O-(6″-对香豆酰)半乳糖苷	N/A	芍药花素-3-O-半乳糖苷	N/A
矢车菊素-3-O-(6″-咖啡酰)鼠李糖苷	N/A	芍药花素-3-O-(乙酰)(丙二酰)半乳糖苷	N/A
矢车菊素-3-O-半乳糖苷	0.018 629 846 3	芍药花素-3-O-(6″-O-乙酰)葡萄糖苷	N/A
矢车菊素-3-O-芸香糖苷	N/A	芍药花素-3-O-葡萄糖苷	N/A
矢车菊素-3-O-葡萄糖苷	N/A	芍药花素-3-O-木糖苷	N/A
飞燕草素-3-O-木糖苷	N/A	矮牵牛素-3-O-阿拉伯糖苷	N/A
飞燕草素-3-O-芸香糖苷	0.007 821 281 69	矮牵牛素-3-O-半乳糖苷	N/A
飞燕草素-3-O-(6″-O-乙酰)半乳糖苷	N/A	原花青素 B4	0.033 928 129 4
飞燕草素-3-O-槐糖苷	N/A	原花青素 B2	0.131 623 078
锦葵色素-3-O-木糖苷	N/A	原花青素 B3	0.037 529 247 4
锦葵色素-3-O-鼠李糖苷	N/A	原花青素 B1	2.062 527 45
锦葵色素	N/A	槲皮素-3-O-葡萄糖苷（异槲皮苷）	N/A
锦葵色素-3-O-葡萄糖苷	0.009 280 275 5	柚皮素	N/A
天竺葵素-3-O-半乳糖苷	0.010 885 166 7		

东镇红芒

一、有机酸含量

化合物中文名称	含量（ng/g）	化合物中文名称	含量（ng/g）
（R）-3-羟基丁酸	3 058.032 4	反式-乌头酸	156 850.478
齐墩果酸	5.791 069 69	L-苹果酸	1 504 196.76
戊二酸	553.952 762	己二酸	131.586 961
4-羟基马尿酸	N/A	邻氨基苯甲酸	1.113 507 71
乳酸	N/A	壬二酸	3 559.828 23
对羟基苯乙酸	N/A	顺式-乌头酸	97 899.668 2
2-羟基-3-甲基丁酸	N/A	富马酸	5 643.763 42
犬尿氨酸	N/A	3-（4-羟基苯基）乳酸	15.123 462 8
肉桂酸	N/A	α-酮戊二酸	30 633.613 1
3-吲哚乙酸	N/A	泛酸	3 443.168 07
苯乙酰甘氨酸	N/A	L-焦谷氨酸	5 283.008
3-羟基异戊酸	N/A	水杨酸	33.707 495 6
5-羟基吲哚-3-乙酸	N/A	辛二酸	1 247.891 86
乙基丙二酸	N/A	琥珀酸	37 652.449 7
吲哚-3-乙酸	N/A	酒石酸	9 499.824 32
山楂酸	N/A	2-羟基-2-甲基丁酸	79.603 357 4
苯甲酸	N/A	4-氨基丁酸	49 112.043 7
3-（3-羟基苯基）-3-羟基丙酸	N/A	4-香豆酸	250.150 303
3-羟基马尿酸	N/A	对羟基苯甲酸	351.926 606
马尿酸	N/A	咖啡酸	178.184 657
乙酰丙酸	N/A	阿魏酸	43.857 407 8
甲基丙二酸	N/A	没食子酸	734.405 622
新绿原酸	N/A	丙酮酸	742.893 812
吲哚-2-羧酸	N/A	莽草酸	25 427.971 9
甲基丁二酸	N/A	牛磺酸	33.999 804 8
3,4-二羟基苯乙酸	N/A	DL-3-苯基乳酸	504.800 898
氢化肉桂酸	N/A	3-甲基己二酸	40.596 427 9
鼠尾草酸	N/A	邻羟基苯乙酸	3.870 983 8
柠康酸	N/A	5-羟甲基-2-呋喃甲酸	59.715 303 5
隐绿原酸	N/A	癸二酸	144.664 259
3-羟基苯乙酸	1 691.684 56	氯氨酮	N/A
高香草酸	N/A	马来酸	N/A
3-羟基-3-甲基谷氨酸	N/A		

二、糖含量

化合物中文名称	含量（mg/g）	化合物中文名称	含量（mg/g）
苯基-β-D-吡喃葡萄糖苷	N/A	1,5-酐-D-山梨糖醇	0.376 037 756
D-纤维二糖	0.142 211 012	D-甘露糖-6-磷酸钠	0.062 408 180 4
海藻糖	0.010 720 587 3	1,6-脱水-β-D-葡萄糖	0.369 547 981
蔗糖	278.481 384	肌醇	2.569 795 49
麦芽糖	0.302 380 703	D-葡萄糖醛酸	0.015 091 347 7
乳糖	N/A	葡萄糖	73.071 840 6
2-脱氧-D-葡萄糖	N/A	D-半乳糖醛酸	0.016 537 073 9
2-脱氧-D-核糖	N/A	D-半乳糖	0.146 475 302
D-甘露糖	N/A	L-岩藻糖	0.194 558 783
D-核糖	N/A	D-果糖	184.443 419
D-(+)-核糖酸-1,4-内酯	0.007 172 690 09	D-阿拉伯糖	0.019 697 178 8
D-木酮糖	0.005 033 245 94	阿拉伯糖醇	0.015 456 13
D-木糖	0.099 397 587 8	N-乙酰氨基葡萄糖	0.009 531 515 47
木糖醇	0.008 344 100 68	甲基β-D-吡喃半乳糖苷	0.051 390 666
D-山梨醇	0.025 757 315 2	L-鼠李糖	0.022 395 595 2
D-核糖-5-磷酸钡盐	0.044 348 820 1	棉子糖	N/A

三、花青素含量

化合物中文名称	含量（μg/g）	化合物中文名称	含量（μg/g）
矢车菊素-3-O-(6″-O-乙酰)葡萄糖苷	0.002 590 688 75	芍药花素-3-O-(6″-O-乙酰-丙二酰)葡萄糖苷	0.002 289 638 46
矢车菊素-3-O-(6″-对香豆酰)半乳糖苷	N/A	芍药花素-3-O-半乳糖苷	N/A
矢车菊素-3-O-(6″-咖啡酰)鼠李糖苷	N/A	芍药花素-3-O-(乙酰)(丙二酰)半乳糖苷	N/A
矢车菊素-3-O-半乳糖苷	N/A	芍药花素-3-O-(6″-O-乙酰)葡萄糖苷	N/A
矢车菊素-3-O-芸香糖苷	N/A	芍药花素-3-O-葡萄糖苷	N/A
矢车菊素-3-O-葡萄糖苷	0.067 635 831 1	芍药花素-3-O-木糖苷	N/A
飞燕草素-3-O-木糖苷	N/A	矮牵牛素-3-O-阿拉伯糖苷	N/A
飞燕草素-3-O-芸香糖苷	N/A	矮牵牛素-3-O-半乳糖苷	N/A
飞燕草素-3-O-(6″-O-乙酰)半乳糖苷	N/A	原花青素 B4	0.037 321 147 2
飞燕草素-3-O-槐糖苷	N/A	原花青素 B2	N/A
锦葵色素-3-O-木糖苷	N/A	原花青素 B3	0.087 161 785 5
锦葵色素-3-O-鼠李糖苷	N/A	原花青素 B1	1.395 677 64
锦葵色素	0.013 839 466 8	槲皮素-3-O-葡萄糖苷（异槲皮苷）	N/A
锦葵色素-3-O-葡萄糖苷	N/A	柚皮素	N/A
天竺葵素-3-O-半乳糖苷	N/A		

广农研究 2 号

一、有机酸含量

化合物中文名称	含量（ng/g）	化合物中文名称	含量（ng/g）
（R）-3-羟基丁酸	2 387.889 74	反式-乌头酸	50 420.916 8
齐墩果酸	2.544 868 88	L-苹果酸	2 311 480.49
戊二酸	N/A	己二酸	40.235 391 3
4-羟基马尿酸	N/A	邻氨基苯甲酸	1.052 353 91
乳酸	N/A	壬二酸	759.377 452
对羟基苯乙酸	N/A	顺式-乌头酸	60 672.620 3
2-羟基-3-甲基丁酸	N/A	富马酸	1 970.328 31
犬尿氨酸	N/A	3-(4-羟基苯基)乳酸	3.968 635 14
肉桂酸	N/A	α-酮戊二酸	11 350.299 4
3-吲哚乙酸	N/A	泛酸	10 980.487 3
苯乙酰甘氨酸	N/A	L-焦谷氨酸	5 247.759 65
3-羟基异戊酸	N/A	水杨酸	28.001 445 4
5-羟基吲哚-3-乙酸	N/A	辛二酸	179.391 906
乙基丙二酸	N/A	琥珀酸	17 194.920 5
吲哚-3-乙酸	N/A	酒石酸	8 835.029 94
山楂酸	N/A	2-羟基-2-甲基丁酸	122.762 75
苯甲酸	N/A	4-氨基丁酸	69 002.271 3
3-(3-羟基苯基)-3-羟基丙酸	N/A	4-香豆酸	212.474 706
3-羟基马尿酸	N/A	对羟基苯甲酸	42.891 596 1
马尿酸	N/A	咖啡酸	15.211 026 2
乙酰丙酸	N/A	阿魏酸	32.865 269 5
甲基丙二酸	N/A	没食子酸	521.298 782
新绿原酸	N/A	丙酮酸	1 560.014 45
吲哚-2-羧酸	N/A	莽草酸	81 293.516 4
甲基丁二酸	N/A	牛磺酸	24.107 474 7
3,4-二羟基苯乙酸	N/A	DL-3-苯乳酸	47.504 645 9
氢化肉桂酸	N/A	3-甲基己二酸	14.586 000 4
鼠尾草酸	N/A	邻羟基苯乙酸	1.081 168 7
柠康酸	N/A	5-羟甲基-2-呋喃甲酸	76.703 076 6
隐绿原酸	N/A	癸二酸	552.635 763
3-羟基苯乙酸	5 012.905 22	氯氨酮	17.381 168 7
高香草酸	N/A	马来酸	N/A
3-羟基-3-甲基谷氨酸	206.698 327		

二、糖含量

化合物中文名称	含量（mg/g）	化合物中文名称	含量（mg/g）
苯基-β-D-吡喃葡萄糖苷	N/A	1,5-酐-D-山梨糖醇	2.815 715 66
D-纤维二糖	0.063 647 838 6	D-甘露糖-6-磷酸钠	0.079 321 229 6
海藻糖	0.010 176 541 8	1,6-脱水-β-D-葡萄糖	0.241 802 113
蔗糖	181.445 149	肌醇	5.168 338 14
麦芽糖	0.185 927 378	D-葡萄糖醛酸	0.014 857 982 7
乳糖	N/A	葡萄糖	126.044 957
2-脱氧-D-葡萄糖	N/A	D-半乳糖醛酸	0.012 107 031 7
2-脱氧-D-核糖	N/A	D-半乳糖	0.123 975 408
D-甘露糖	N/A	L-岩藻糖	0.262 094 14
D-核糖	N/A	D-果糖	141.037 848
D-(+)-核糖酸-1,4-内酯	0.007 898 232 47	D-阿拉伯糖	0.016 236 849 2
D-木酮糖	0.004 907 953 89	阿拉伯糖醇	0.018 106 224 8
D-木糖	0.071 544 092 2	N-乙酰氨基葡萄糖	0.008 988 511 05
木糖醇	0.006 744 149 86	甲基β-D-吡喃半乳糖苷	0.088 587 896 3
D-山梨醇	0.014 787 915 5	L-鼠李糖	0.022 524 879 9
D-核糖-5-磷酸钡盐	0.036 490 874 2	棉子糖	N/A

三、花青素含量

化合物中文名称	含量（μg/g）	化合物中文名称	含量（μg/g）
矢车菊素-3-O-(6″-O-乙酰)葡萄糖苷	N/A	芍药花素-3-O-(6″-O-乙酰-丙二酰)葡萄糖苷	N/A
矢车菊素-3-O-(6″-对香豆酰)半乳糖苷	N/A	芍药花素-3-O-半乳糖苷	N/A
矢车菊素-3-O-(6″-咖啡酰)鼠李糖苷	N/A	芍药花素-3-O-(乙酰)(丙二酰)半乳糖苷	N/A
矢车菊素-3-O-半乳糖苷	N/A	芍药花素-3-O-(6″-O-乙酰)葡萄糖苷	N/A
矢车菊素-3-O-芸香糖苷	N/A	芍药花素-3-O-葡萄糖苷	N/A
矢车菊素-3-O-葡萄糖苷	N/A	芍药花素-3-O-木糖苷	N/A
飞燕草素-3-O-木糖苷	N/A	矮牵牛素-3-O-阿拉伯糖苷	N/A
飞燕草素-3-O-芸香糖苷	N/A	矮牵牛素-3-O-半乳糖苷	N/A
飞燕草素-3-O-(6″-O-乙酰)半乳糖苷	N/A	原花青素 B4	N/A
飞燕草素-3-O-槐糖苷	0.017 926 128 5	原花青素 B2	0.078 304 798 7
锦葵色素-3-O-木糖苷	N/A	原花青素 B3	0.028 355 022 4
锦葵色素-3-O-鼠李糖苷	N/A	原花青素 B1	0.541 028 874
锦葵色素	N/A	槲皮素-3-O-葡萄糖苷（异槲皮苷）	N/A
锦葵色素-3-O-葡萄糖苷	0.006 237 535 58	柚皮素	N/A
天竺葵素-3-O-半乳糖苷	N/A		

贵 妃

一、有机酸含量

化合物中文名称	含量（ng/g）	化合物中文名称	含量（ng/g）
（R）-3-羟基丁酸	8 314.141 31	反式-乌头酸	N/A
齐墩果酸	N/A	L-苹果酸	1 877 532.03
戊二酸	N/A	己二酸	46.405 124 1
4-羟基马尿酸	N/A	邻氨基苯甲酸	1.661 158 93
乳酸	N/A	壬二酸	386.683 347
对羟基苯乙酸	N/A	顺式-乌头酸	429 773.819
2-羟基-3-甲基丁酸	N/A	富马酸	10 587.47
犬尿氨酸	N/A	3-（4-羟基苯基）乳酸	43.616 293
肉桂酸	N/A	α-酮戊二酸	12 399.019 2
3-吲哚乙酸	N/A	泛酸	5 499.969 98
苯乙酰甘氨酸	N/A	L-焦谷氨酸	1 596.837 47
3-羟基异戊酸	N/A	水杨酸	20.756 104 9
5-羟基吲哚-3-乙酸	N/A	辛二酸	42.222 578 1
乙基丙二酸	N/A	琥珀酸	68 688.350 7
吲哚-3-乙酸	N/A	酒石酸	10 356.385 1
山楂酸	N/A	2-羟基-2-甲基丁酸	1 131.665 33
苯甲酸	N/A	4-氨基丁酸	66 277.522
3-（3-羟基苯基）-3-羟基丙酸	N/A	4-香豆酸	181.962 57
3-羟基马尿酸	N/A	对羟基苯甲酸	560.829 664
马尿酸	N/A	咖啡酸	152.383 907
乙酰丙酸	N/A	阿魏酸	126.739 392
甲基丙二酸	N/A	没食子酸	2 178.813 05
新绿原酸	N/A	丙酮酸	984.273 419
吲哚-2-羧酸	N/A	莽草酸	32 350.580 5
甲基丁二酸	N/A	牛磺酸	18.713 670 9
3,4-二羟基苯乙酸	N/A	DL-3-苯基乳酸	253.295 637
氢化肉桂酸	N/A	3-甲基己二酸	37.167 333 9
鼠尾草酸	N/A	邻羟基苯乙酸	6.034 397 52
柠康酸	N/A	5-羟甲基-2-呋喃甲酸	48.192 854 3
隐绿原酸	N/A	癸二酸	9.334 597 68
3-羟基苯乙酸	N/A	氯氨酮	39.127 602 1
高香草酸	N/A	马来酸	N/A
3-羟基-3-甲基谷氨酸	85.555 144 1		

二、糖含量

化合物中文名称	含量（mg/g）	化合物中文名称	含量（mg/g）
苯基-β-D-吡喃葡萄糖苷	N/A	1,5-酐-D-山梨糖醇	0.719 308 569
D-纤维二糖	0.150 690 243	D-甘露糖-6-磷酸钠	0.058 324 517 1
海藻糖	0.010 016 166 4	1,6-脱水-β-D-葡萄糖	0.395 320 456
蔗糖	288.792 472	肌醇	5.845 884 1
麦芽糖	0.105 936 206	D-葡萄糖醛酸	0.016 485 884 1
乳糖	N/A	葡萄糖	51.305 596 8
2-脱氧-D-葡萄糖	N/A	D-半乳糖醛酸	0.136 979 495
2-脱氧-D-核糖	N/A	D-半乳糖	0.178 027 538
D-甘露糖	N/A	L-岩藻糖	0.240 970 778
D-核糖	N/A	D-果糖	163.824 269
D-(+)-核糖酸-1,4-内酯	0.006 137 117 38	D-阿拉伯糖	0.022 764 735
D-木酮糖	0.007 585 695 89	阿拉伯糖醇	0.016 884 893 5
D-木糖	0.189 260 426	N-乙酰氨基葡萄糖	0.006 888 241 7
木糖醇	0.007 747 835 56	甲基 β-D-吡喃半乳糖苷	0.052 244 081 2
D-山梨醇	0.038 186 230 8	L-鼠李糖	0.024 075 086 7
D-核糖-5-磷酸钡盐	0.044 726 300 1	棉子糖	N/A

三、花青素含量

化合物中文名称	含量（μg/g）	化合物中文名称	含量（μg/g）
矢车菊素-3-O-(6″-O-乙酰)葡萄糖苷	N/A	芍药花素-3-O-(6″-O-乙酰-丙二酰)葡萄糖苷	0.006 181 236 02
矢车菊素-3-O-(6″-对香豆酰)半乳糖苷	N/A	芍药花素-3-O-半乳糖苷	0.012 670 644 4
矢车菊素-3-O-(6″-咖啡酰)鼠李糖苷	N/A	芍药花素-3-O-(乙酰)(丙二酰)半乳糖苷	0.002 777 027 85
矢车菊素-3-O-半乳糖苷	0.004 532 303 31	芍药花素-3-O-(6″-O-乙酰)葡萄糖苷	N/A
矢车菊素-3-O-芸香糖苷	N/A	芍药花素-3-O-葡萄糖苷	0.001 574 216 3
矢车菊素-3-O-葡萄糖苷	N/A	芍药花素-3-O-木糖苷	N/A
飞燕草素-3-O-木糖苷	N/A	矮牵牛素-3-O-阿拉伯糖苷	N/A
飞燕草素-3-O-芸香糖苷	N/A	矮牵牛素-3-O-半乳糖苷	N/A
飞燕草素-3-O-(6″-O-乙酰)半乳糖苷	N/A	原花青素 B4	0.202 588 331
飞燕草素-3-O-槐糖苷	N/A	原花青素 B2	0.276 174 019
锦葵色素-3-O-木糖苷	N/A	原花青素 B3	1.439 117 71
锦葵色素-3-O-鼠李糖苷	N/A	原花青素 B1	27.493 596 3
锦葵色素	N/A	槲皮素-3-O-葡萄糖苷（异槲皮苷）	0.045 477 536 1
锦葵色素-3-O-葡萄糖苷	0.005 481 581 62	柚皮素	0.007 924 354 54
天竺葵素-3-O-半乳糖苷	N/A		

桂七芒

一、有机酸含量

化合物中文名称	含量（ng/g）	化合物中文名称	含量（ng/g）
（R）-3-羟基丁酸	3 148.111 18	反式-乌头酸	132 462.321
齐墩果酸	4.428 616 17	L-苹果酸	1 447 533.76
戊二酸	N/A	己二酸	44.040 516 7
4-羟基马尿酸	N/A	邻氨基苯甲酸	1.698 160 11
乳酸	N/A	壬二酸	292.114 895
对羟基苯乙酸	N/A	顺式-乌头酸	128 006.459
2-羟基-3-甲基丁酸	N/A	富马酸	6 736.895 67
犬尿氨酸	N/A	3-（4-羟基苯基）乳酸	7.801 135 25
肉桂酸	N/A	α-酮戊二酸	11 329.320 8
3-吲哚乙酸	N/A	泛酸	13 851.536 5
苯乙酰甘氨酸	N/A	L-焦谷氨酸	7 297.739 28
3-羟基异戊酸	N/A	水杨酸	6.587 893 91
5-羟基吲哚-3-乙酸	N/A	辛二酸	59.022 900 8
乙基丙二酸	N/A	琥珀酸	30 287.336 1
吲哚-3-乙酸	N/A	酒石酸	12 289.782 7
山楂酸	N/A	2-羟基-2-甲基丁酸	312.798 004
苯甲酸	N/A	4-氨基丁酸	79 543.159 1
3-（3-羟基苯基）-3-羟基丙酸	N/A	4-香豆酸	87.621 158 7
3-羟基马尿酸	N/A	对羟基苯甲酸	125.765 316
马尿酸	N/A	咖啡酸	31.251 125 5
乙酰丙酸	N/A	阿魏酸	38.689 763 2
甲基丙二酸	N/A	没食子酸	1 291.407 32
新绿原酸	N/A	丙酮酸	448.742 415
吲哚-2-羧酸	N/A	莽草酸	28 114.797 4
甲基丁二酸	N/A	牛磺酸	32.295 165 4
3,4-二羟基苯乙酸	N/A	DL-3-苯基乳酸	6.440 908 2
氢化肉桂酸	N/A	3-甲基己二酸	N/A
鼠尾草酸	N/A	邻羟基苯乙酸	5.195 321 98
柠康酸	N/A	5-羟甲基-2-呋喃甲酸	36.589 547 9
隐绿原酸	N/A	癸二酸	N/A
3-羟基苯乙酸	2 837.179 49	氯氨酮	103.983 167
高香草酸	N/A	马来酸	N/A
3-羟基-3-甲基谷氨酸	N/A		

二、糖含量

化合物中文名称	含量（mg/g）	化合物中文名称	含量（mg/g）
苯基-β-D-吡喃葡萄糖苷	N/A	1,5-酐-D-山梨糖醇	0.370 367 473
D-纤维二糖	0.117 921 77	D-甘露糖-6-磷酸钠	0.084 308 389 1
海藻糖	0.009 306 783 32	1,6-脱水-β-D-葡萄糖	0.418 670 098
蔗糖	273.169 326	肌醇	7.636 500 26
麦芽糖	0.106 500 875	D-葡萄糖醛酸	0.017 421 966
乳糖	N/A	葡萄糖	122.853 32
2-脱氧-D-葡萄糖	N/A	D-半乳糖醛酸	0.057 251 878 5
2-脱氧-D-核糖	N/A	D-半乳糖	0.234 202 779
D-甘露糖	N/A	L-岩藻糖	0.305 257 849
D-核糖	N/A	D-果糖	158.539 99
D-(+)-核糖酸-1,4-内酯	0.008 410 396 29	D-阿拉伯糖	0.022 688 214 1
D-木酮糖	0.004 136 572 31	阿拉伯糖醇	0.017 983 715 9
D-木糖	0.209 068 451	N-乙酰氨基葡萄糖	0.006 859 722 08
木糖醇	0.008 709 727 23	甲基β-D-吡喃半乳糖苷	0.063 379 927 9
D-山梨醇	0.015 873 082 9	L-鼠李糖	0.019 161 420 5
D-核糖-5-磷酸钡盐	0.036 413 381 4	棉子糖	N/A

三、花青素含量

化合物中文名称	含量（μg/g）	化合物中文名称	含量（μg/g）
矢车菊素-3-O-(6″-O-乙酰)葡萄糖苷	N/A	芍药花素-3-O-(6″-O-乙酰-丙二酰)葡萄糖苷	N/A
矢车菊素-3-O-(6″-对香豆酰)半乳糖苷	N/A	芍药花素-3-O-半乳糖苷	N/A
矢车菊素-3-O-(6″-咖啡酰)鼠李糖苷	N/A	芍药花素-3-O-(乙酰)(丙二酰)半乳糖苷	N/A
矢车菊素-3-O-半乳糖苷	0.004 347 010 07	芍药花素-3-O-(6″-O-乙酰)葡萄糖苷	N/A
矢车菊素-3-O-芸香糖苷	N/A	芍药花素-3-O-葡萄糖苷	N/A
矢车菊素-3-O-葡萄糖苷	N/A	芍药花素-3-O-木糖苷	N/A
飞燕草素-3-O-木糖苷	N/A	矮牵牛素-3-O-阿拉伯糖苷	N/A
飞燕草素-3-O-芸香糖苷	0.006 901 934 08	矮牵牛素-3-O-半乳糖苷	N/A
飞燕草素-3-O-(6″-O-乙酰)半乳糖苷	N/A	原花青素 B4	N/A
飞燕草素-3-O-槐糖苷	N/A	原花青素 B2	N/A
锦葵色素-3-O-木糖苷	N/A	原花青素 B3	N/A
锦葵色素-3-O-鼠李糖苷	N/A	原花青素 B1	0.055 673 574 1
锦葵色素	N/A	槲皮素-3-O-葡萄糖苷（异槲皮苷）	N/A
锦葵色素-3-O-葡萄糖苷	0.005 466 271 96	柚皮素	0.035 359 384 3
天竺葵素-3-O-半乳糖苷	N/A		

桂热 3 号

一、有机酸含量

化合物中文名称	含量（ng/g）	化合物中文名称	含量（ng/g）
（R）-3-羟基丁酸	1 414.526 7	反式-乌头酸	N/A
齐墩果酸	N/A	L-苹果酸	1 275 853.09
戊二酸	683.792 173	己二酸	358.869 289
4-羟基马尿酸	N/A	邻氨基苯甲酸	1.404 617 31
乳酸	N/A	壬二酸	880.441 488
对羟基苯乙酸	21.740 794 3	顺式-乌头酸	925 365.336
2-羟基-3-甲基丁酸	N/A	富马酸	4 823.954 12
犬尿氨酸	N/A	3-（4-羟基苯基）乳酸	35.509 350 3
肉桂酸	N/A	α-酮戊二酸	17 652.400 2
3-吲哚乙酸	N/A	泛酸	10 211.008 3
苯乙酰甘氨酸	N/A	L-焦谷氨酸	4 348.062 46
3-羟基异戊酸	N/A	水杨酸	101.207 827
5-羟基吲哚-3-乙酸	N/A	辛二酸	425.316 175
乙基丙二酸	N/A	琥珀酸	39 318.006 6
吲哚-3-乙酸	N/A	酒石酸	10 868.517 4
山楂酸	N/A	2-羟基-2-甲基丁酸	933.550 222
苯甲酸	963.904 955	4-氨基丁酸	79 286.678 2
3-（3-羟基苯基）-3-羟基丙酸	N/A	4-香豆酸	192.000 193
3-羟基马尿酸	N/A	对羟基苯甲酸	1 999.363 79
马尿酸	N/A	咖啡酸	349.294 39
乙酰内酸	N/A	阿魏酸	2 194.331 98
甲基丙二酸	N/A	没食子酸	9 379.419 7
新绿原酸	N/A	丙酮酸	695.330 634
吲哚-2-羧酸	N/A	莽草酸	37 831.983 8
甲基丁二酸	N/A	牛磺酸	16.660 883
3,4-二羟基苯乙酸	N/A	DL-3-苯基乳酸	27.854 540 2
氢化肉桂酸	N/A	3-甲基己二酸	76.804 414 9
鼠尾草酸	N/A	邻羟基苯乙酸	18.534 027 4
柠康酸	N/A	5-羟甲基-2-呋喃甲酸	N/A
隐绿原酸	N/A	癸二酸	282.170 812
3-羟基苯乙酸	N/A	氯氨酮	50.775 207 2
高香草酸	N/A	马来酸	N/A
3-羟基-3-甲基谷氨酸	141.052 632		

二、糖含量

化合物中文名称	含量（mg/g）	化合物中文名称	含量（mg/g）
苯基-β-D-吡喃葡萄糖苷	N/A	1,5-酐-D-山梨糖醇	0.769 699 903
D-纤维二糖	0.115 625 169	D-甘露糖-6-磷酸钠	0.090 109 196 5
海藻糖	0.008 058 567 28	1,6-脱水-β-D-葡萄糖	0.267 498 548
蔗糖	249.666 989	肌醇	3.566 737 66
麦芽糖	0.114 766 893	D-葡萄糖醛酸	0.027 296 611 8
乳糖	N/A	葡萄糖	67.469 312 7
2-脱氧-D-葡萄糖	N/A	D-半乳糖醛酸	0.130 718 683
2-脱氧-D-核糖	N/A	D-半乳糖	0.144 052 856
D-甘露糖	N/A	L-岩藻糖	0.291 353 34
D-核糖	0.003 222 168 44	D-果糖	145.032 72
D-(+)-核糖酸-1,4-内酯	0.006 420 561 47	D-阿拉伯糖	0.031 767 667
D-木酮糖	0.016 011 519 8	阿拉伯糖醇	0.014 983 330 1
D-木糖	0.257 252 662	N-乙酰氨基葡萄糖	0.009 451 655 37
木糖醇	0.013 179 244 9	甲基β-D-吡喃半乳糖苷	0.036 897 773 5
D-山梨醇	0.069 076 863 5	L-鼠李糖	0.019 992 642 8
D-核糖-5-磷酸钡盐	0.049 765 924 5	棉子糖	N/A

三、花青素含量

化合物中文名称	含量（μg/g）	化合物中文名称	含量（μg/g）
矢车菊素-3-O-(6″-O-乙酰)葡萄糖苷	N/A	芍药花素-3-O-(6″-O-乙酰-丙二酰)葡萄糖苷	N/A
矢车菊素-3-O-(6″-对香豆酰)半乳糖苷	N/A	芍药花素-3-O-半乳糖苷	N/A
矢车菊素-3-O-(6″-咖啡酰)鼠李糖苷	N/A	芍药花素-3-O-(乙酰)(丙二酰)半乳糖苷	N/A
矢车菊素-3-O-半乳糖苷	0.005 532 367 53	芍药花素-3-O-(6″-O-乙酰)葡萄糖苷	N/A
矢车菊素-3-O-芸香糖苷	N/A	芍药花素-3-O-葡萄糖苷	0.000 487 618 575
矢车菊素-3-O-葡萄糖苷	N/A	芍药花素-3-O-木糖苷	N/A
飞燕草素-3-O-木糖苷	N/A	矮牵牛素-3-O-阿拉伯糖苷	N/A
飞燕草素-3-O-芸香糖苷	N/A	矮牵牛素-3-O-半乳糖苷	N/A
飞燕草素-3-O-(6″-O-乙酰)半乳糖苷	N/A	原花青素 B4	0.053 928 755 7
飞燕草素-3-O-槐糖苷	N/A	原花青素 B2	0.290 599 325
锦葵色素-3-O-木糖苷	N/A	原花青素 B3	0.188 385 592
锦葵色素-3-O-鼠李糖苷	N/A	原花青素 B1	3.187 18
锦葵色素	N/A	槲皮素-3-O-葡萄糖苷（异槲皮苷）	N/A
锦葵色素-3-O-葡萄糖苷	0.009 181 801 94	柚皮素	0.007 666 660 05
天竺葵素-3-O-半乳糖苷	0.001 552 474 7		

桂热 10 号

一、有机酸含量

化合物中文名称	含量（ng/g）	化合物中文名称	含量（ng/g）
（R）-3-羟基丁酸	14 749.220 9	反式-乌头酸	129 577.328
齐墩果酸	N/A	L-苹果酸	1 288 926.76
戊二酸	1 527.532 14	己二酸	468.855 668
4-羟基马尿酸	N/A	邻氨基苯甲酸	2.611 871 83
乳酸	N/A	壬二酸	223.423 257
对羟基苯乙酸	N/A	顺式-乌头酸	162 064.667
2-羟基-3-甲基丁酸	N/A	富马酸	9 084.096 22
犬尿氨酸	N/A	3-（4-羟基苯基）乳酸	501.278 73
肉桂酸	N/A	α-酮戊二酸	17 278.243 1
3-吲哚乙酸	N/A	泛酸	2 059.193 61
苯乙酰甘氨酸	N/A	L-焦谷氨酸	3 586.180 37
3-羟基异戊酸	N/A	水杨酸	5.300 224
5-羟基吲哚-3-乙酸	N/A	辛二酸	64.372 711 3
乙基丙二酸	1 458.180 76	琥珀酸	45 188.352 2
吲哚-3-乙酸	N/A	酒石酸	10 315.640 8
山楂酸	N/A	2-羟基-2-甲基丁酸	4 177.191 27
苯甲酸	N/A	4-氨基丁酸	53 587.748 3
3-（3-羟基苯基）-3-羟基丙酸	N/A	4-香豆酸	84.500 681 7
3-羟基马尿酸	N/A	对羟基苯甲酸	206.098 559
马尿酸	N/A	咖啡酸	29.150 759 6
乙酰丙酸	N/A	阿魏酸	105.982 665
甲基丙二酸	N/A	没食子酸	2 564.559 8
新绿原酸	N/A	丙酮酸	494.044 605
吲哚-2-羧酸	N/A	莽草酸	122 070.51
甲基丁二酸	N/A	牛磺酸	55.865 212 3
3,4-二羟基苯乙酸	N/A	DL-3-苯基乳酸	559.059 213
氢化肉桂酸	N/A	3-甲基己二酸	38.113 459 3
鼠尾草酸	N/A	邻羟基苯乙酸	13.757 304 2
柠康酸	N/A	5-羟甲基-2-呋喃甲酸	N/A
隐绿原酸	N/A	癸二酸	N/A
3-羟基苯乙酸	3 123.451 5	氯氨酮	18.801 227 1
高香草酸	N/A	马来酸	N/A
3-羟基-3-甲基谷氨酸	N/A		

二、糖含量

化合物中文名称	含量（mg/g）	化合物中文名称	含量（mg/g）
苯基-β-D-吡喃葡萄糖苷	N/A	1,5-酐-D-山梨糖醇	2.413 097
D-纤维二糖	0.168 958 936	D-甘露糖-6-磷酸钠	0.061 811 324 5
海藻糖	0.009 588 084 69	1,6-脱水-β-D-葡萄糖	0.429 624 815
蔗糖	239.302 806	肌醇	4.783 771 54
麦芽糖	0.106 676 908	D-葡萄糖醛酸	0.020 697 390 4
乳糖	N/A	葡萄糖	142.310 98
2-脱氧-D-葡萄糖	N/A	D-半乳糖醛酸	0.091 487 149 2
2-脱氧-D-核糖	N/A	D-半乳糖	0.267 842 442
D-甘露糖	N/A	L-岩藻糖	0.412 324 963
D-核糖	N/A	D-果糖	181.213 589
D-(+)-核糖酸-1,4-内酯	0.009 751 137 37	D-阿拉伯糖	0.024 225 307 7
D-木酮糖	0.006 345 032	阿拉伯糖醇	0.019 985 819 8
D-木糖	0.181 650 812	N-乙酰氨基葡萄糖	0.009 059 950 76
木糖醇	0.012 716 297 4	甲基β-D-吡喃半乳糖苷	0.073 811 915 3
D-山梨醇	0.028 380 896 1	L-鼠李糖	0.027 483 013 3
D-核糖-5-磷酸钡盐	0.039 434 170 4	棉子糖	N/A

三、花青素含量

化合物中文名称	含量（μg/g）	化合物中文名称	含量（μg/g）
矢车菊素-3-O-(6″-O-乙酰)葡萄糖苷	N/A	芍药花素-3-O-(6″-O-乙酰-丙二酰)葡萄糖苷	N/A
矢车菊素-3-O-(6″-对香豆酰)半乳糖苷	N/A	芍药花素-3-O-半乳糖苷	N/A
矢车菊素-3-O-(6″-咖啡酰)鼠李糖苷	N/A	芍药花素-3-O-(乙酰)(丙二酰)半乳糖苷	N/A
矢车菊素-3-O-半乳糖苷	0.003 819 334 93	芍药花素-3-O-(6″-O-乙酰)葡萄糖苷	N/A
矢车菊素-3-O-芸香糖苷	N/A	芍药花素-3-O-葡萄糖苷	N/A
矢车菊素-3-O-葡萄糖苷	N/A	芍药花素-3-O-木糖苷	N/A
飞燕草素-3-O-木糖苷	N/A	矮牵牛素-3-O-阿拉伯糖苷	N/A
飞燕草素-3-O-芸香糖苷	N/A	矮牵牛素-3-O-半乳糖苷	0.004 528 972 52
飞燕草素-3-O-(6″-O-乙酰)半乳糖苷	N/A	原花青素 B4	0.018 408 661 9
飞燕草素-3-O-槐糖苷	N/A	原花青素 B2	0.059 642 373 6
锦葵色素-3-O-木糖苷	N/A	原花青素 B3	0.062 097 570 7
锦葵色素-3-O-鼠李糖苷	N/A	原花青素 B1	1.719 151 73
锦葵色素	N/A	槲皮素-3-O-葡萄糖苷（异槲皮苷）	N/A
锦葵色素-3-O-葡萄糖苷	0.008 476 602 95	柚皮素	0.004 079 788 93
天竺葵素-3-O-半乳糖苷	N/A		

高州吕宋

一、有机酸含量

化合物中文名称	含量（ng/g）	化合物中文名称	含量（ng/g）
（R）-3-羟基丁酸	5 691.835 07	反式-乌头酸	N/A
齐墩果酸	N/A	L-苹果酸	1 294 764.24
戊二酸	N/A	己二酸	761.268 626
4-羟基马尿酸	N/A	邻氨基苯甲酸	2.121 443 15
乳酸	N/A	壬二酸	478.889 569
对羟基苯乙酸	N/A	顺式-乌头酸	458 406.818
2-羟基-3-甲基丁酸	N/A	富马酸	4 483.976 32
犬尿氨酸	N/A	3-（4-羟基苯基）乳酸	32.727 699 5
肉桂酸	N/A	α-酮戊二酸	24 139.314 1
3-吲哚乙酸	N/A	泛酸	8 628.771 18
苯乙酰甘氨酸	N/A	L-焦谷氨酸	3 298.989 59
3-羟基异戊酸	N/A	水杨酸	25.744 947 9
5-羟基吲哚-3-乙酸	14.568 177 2	辛二酸	98.453 562
乙基丙二酸	N/A	琥珀酸	48 381.608 5
吲哚-3-乙酸	N/A	酒石酸	11 543.478 3
山楂酸	N/A	2-羟基-2-甲基丁酸	1 779.067 16
苯甲酸	N/A	4-氨基丁酸	75 358.848 7
3-（3-羟基苯基）-3-羟基丙酸	N/A	4-香豆酸	54.864 768 3
3-羟基马尿酸	N/A	对羟基苯甲酸	664.807 103
马尿酸	N/A	咖啡酸	80.964 686 7
乙酰丙酸	N/A	阿魏酸	353.847 724
甲基丙二酸	N/A	没食子酸	5 184.078 38
新绿原酸	N/A	丙酮酸	454.400 898
吲哚-2-羧酸	N/A	莽草酸	30 868.646 7
甲基丁二酸	N/A	牛磺酸	35.917 534 2
3,4-二羟基苯乙酸	N/A	DL-3-苯基乳酸	60.516 942 2
氢化肉桂酸	N/A	3-甲基己二酸	11.139 926 5
鼠尾草酸	N/A	邻羟基苯乙酸	21.132 986 3
柠康酸	N/A	5-羟甲基-2-呋喃甲酸	50.832 210 7
隐绿原酸	N/A	癸二酸	53.347 213 7
3-羟基苯乙酸	3 031.139 01	氯氨酮	5.758 511 94
高香草酸	N/A	马来酸	N/A
3-羟基-3-甲基谷氨酸	196.698 306		

二、糖含量

化合物中文名称	含量（mg/g）	化合物中文名称	含量（mg/g）
苯基-β-D-吡喃葡萄糖苷	N/A	1,5-酐-D-山梨糖醇	0.677 131 131
D-纤维二糖	0.123 001 201	D-甘露糖-6-磷酸钠	0.074 216 616 6
海藻糖	0.008 174 974 97	1,6-脱水-β-D-葡萄糖	0.331 337 337
蔗糖	274.058 058	肌醇	4.857 577 58
麦芽糖	0.127 690 691	D-葡萄糖醛酸	0.022 449 049
乳糖	N/A	葡萄糖	93.895 095 1
2-脱氧-D-葡萄糖	N/A	D-半乳糖醛酸	0.408 342 342
2-脱氧-D-核糖	N/A	D-半乳糖	0.187 235 836
D-甘露糖	N/A	L-岩藻糖	0.342 876 877
D-核糖	0.007 122 722 72	D-果糖	177.193 794
D-(+)-核糖酸-1,4-内酯	0.007 116 976 98	D-阿拉伯糖	0.038 976 176 2
D-木酮糖	0.013 062 642 6	阿拉伯糖醇	0.017 803 923 9
D-木糖	0.269 239 239	N-乙酰氨基葡萄糖	0.011 204 644 6
木糖醇	0.011 198 098 1	甲基β-D-吡喃半乳糖苷	0.065 921 721 7
D-山梨醇	0.044 713 113 1	L-鼠李糖	0.022 821 821 8
D-核糖-5-磷酸钡盐	0.052 424 224 2	棉子糖	N/A

三、花青素含量

化合物中文名称	含量（μg/g）	化合物中文名称	含量（μg/g）
矢车菊素-3-O-(6″-O-乙酰)葡萄糖苷	N/A	芍药花素-3-O-(6″-O-乙酰-丙二酰)葡萄糖苷	N/A
矢车菊素-3-O-(6″-对香豆酰)半乳糖苷	N/A	芍药花素-3-O-半乳糖苷	N/A
矢车菊素-3-O-(6″-咖啡酰)鼠李糖苷	N/A	芍药花素-3-O-(乙酰)(丙二酰)半乳糖苷	N/A
矢车菊素-3-O-半乳糖苷	0.002 877 202 49	芍药花素-3-O-(6″-O-乙酰)葡萄糖苷	N/A
矢车菊素-3-O-芸香糖苷	N/A	芍药花素-3-O-葡萄糖苷	N/A
矢车菊素-3-O-葡萄糖苷	N/A	芍药花素-3-O-木糖苷	N/A
飞燕草素-3-O-木糖苷	N/A	矮牵牛素-3-O-阿拉伯糖苷	N/A
飞燕草素-3-O-芸香糖苷	N/A	矮牵牛素-3-O-半乳糖苷	N/A
飞燕草素-3-O-(6″-O-乙酰)半乳糖苷	N/A	原花青素 B4	N/A
飞燕草素-3-O-槐糖苷	N/A	原花青素 B2	0.006 974 994 98
锦葵色素-3-O-木糖苷	N/A	原花青素 B3	0.034 173 188 8
锦葵色素-3-O-鼠李糖苷	N/A	原花青素 B1	0.158 465 984
锦葵色素	N/A	槲皮素-3-O-葡萄糖苷（异槲皮苷）	N/A
锦葵色素-3-O-葡萄糖苷	0.004 724 041 74	柚皮素	N/A
天竺葵素-3-O-半乳糖苷	N/A		

虎豹牙

一、有机酸含量

化合物中文名称	含量（ng/g）	化合物中文名称	含量（ng/g）
（R）-3-羟基丁酸	887.980 035	反式-乌头酸	218 114.112
齐墩果酸	N/A	L-苹果酸	749 060.482
戊二酸	N/A	己二酸	69.020 160 5
4-羟基马尿酸	N/A	邻氨基苯甲酸	0.844 571 345
乳酸	N/A	壬二酸	1 218.124 88
对羟基苯乙酸	N/A	顺式-乌头酸	132 535.721
2-羟基-3-甲基丁酸	N/A	富马酸	8 275.533 37
犬尿氨酸	N/A	3-（4-羟基苯基）乳酸	30.098 845 2
肉桂酸	N/A	α-酮戊二酸	13 033.078 9
3-吲哚乙酸	N/A	泛酸	4 030.847 52
苯乙酰甘氨酸	N/A	L-焦谷氨酸	1 444.920 73
3-羟基异戊酸	N/A	水杨酸	27.262 967 3
5-羟基吲哚-3-乙酸	N/A	辛二酸	188.760 031
乙基丙二酸	N/A	琥珀酸	38 126.932 9
吲哚-3-乙酸	N/A	酒石酸	9 751.927 97
山楂酸	N/A	2-羟基-2-甲基丁酸	72.240 164 4
苯甲酸	N/A	4-氨基丁酸	102 548.444
3-（3-羟基苯基）-3-羟基丙酸	N/A	4-香豆酸	122.378 156
3-羟基马尿酸	N/A	对羟基苯甲酸	273.837 346
马尿酸	N/A	咖啡酸	26.373 947 9
乙酰丙酸	N/A	阿魏酸	120.634 175
甲基丙二酸	N/A	没食子酸	728.061 264
新绿原酸	N/A	丙酮酸	570.309 258
吲哚-2-羧酸	N/A	莽草酸	43 342.826 4
甲基丁二酸	N/A	牛磺酸	68.944 411 8
3,4-二羟基苯乙酸	N/A	DL-3-苯基乳酸	397.346 839
氢化肉桂酸	N/A	3-甲基己二酸	9.328 097 48
鼠尾草酸	N/A	邻羟基苯乙酸	6.690 232 92
柠康酸	N/A	5-羟甲基-2-呋喃甲酸	56.763 554 5
隐绿原酸	N/A	癸二酸	168.021 139
3-羟基苯乙酸	2 956.831 08	氯氨酮	7.953 073 01
高香草酸	N/A	马来酸	N/A
3-羟基-3-甲基谷氨酸	N/A		

二、糖含量

化合物中文名称	含量（mg/g）	化合物中文名称	含量（mg/g）
苯基-β-D-吡喃葡萄糖苷	N/A	1,5-酐-D-山梨糖醇	0.818 480 243
D-纤维二糖	0.116 856 13	D-甘露糖-6-磷酸钠	0.086 711 043 6
海藻糖	0.011 707 983 8	1,6-脱水-β-D-葡萄糖	0.248 105 37
蔗糖	247.250 253	肌醇	6.751 975 68
麦芽糖	0.103 640 324	D-葡萄糖醛酸	0.022 187 841 9
乳糖	N/A	葡萄糖	111.981 56
2-脱氧-D-葡萄糖	N/A	D-半乳糖醛酸	0.171 589 26
2-脱氧-D-核糖	N/A	D-半乳糖	0.255 057 751
D-甘露糖	N/A	L-岩藻糖	0.203 880 446
D-核糖	N/A	D-果糖	193.383 181
D-(+)-核糖酸-1,4-内酯	0.007 903 323 2	D-阿拉伯糖	0.027 060 182 4
D-木酮糖	0.009 179 007 09	阿拉伯糖醇	0.020 963 931 1
D-木糖	0.115 717 933	N-乙酰氨基葡萄糖	0.011 386 464
木糖醇	0.007 226 362 72	甲基 β-D-吡喃半乳糖苷	0.125 880 041
D-山梨醇	0.020 746 909 8	L-鼠李糖	0.020 192 077
D-核糖-5-磷酸钡盐	0.047 108 004 1	棉子糖	N/A

三、花青素含量

化合物中文名称	含量（μg/g）	化合物中文名称	含量（μg/g）
矢车菊素-3-O-(6″-O-乙酰)葡萄糖苷	N/A	芍药花素-3-O-(6″-O-乙酰-丙二酰)葡萄糖苷	N/A
矢车菊素-3-O-(6″-对香豆酰)半乳糖苷	N/A	芍药花素-3-O-半乳糖苷	0.007 698 339 07
矢车菊素-3-O-(6″-咖啡酰)鼠李糖苷	N/A	芍药花素-3-O-(乙酰)(丙二酰)半乳糖苷	N/A
矢车菊素-3-O-半乳糖苷	N/A	芍药花素-3-O-(6″-O-乙酰)葡萄糖苷	N/A
矢车菊素-3-O-芸香糖苷	N/A	芍药花素-3-O-葡萄糖苷	N/A
矢车菊素-3-O-葡萄糖苷	N/A	芍药花素-3-O-木糖苷	N/A
飞燕草素-3-O-木糖苷	N/A	矮牵牛素-3-O-阿拉伯糖苷	N/A
飞燕草素-3-O-芸香糖苷	N/A	矮牵牛素-3-O-半乳糖苷	N/A
飞燕草素-3-O-(6″-O-乙酰)半乳糖苷	N/A	原花青素 B4	N/A
飞燕草素-3-O-槐糖苷	N/A	原花青素 B2	N/A
锦葵色素-3-O-木糖苷	N/A	原花青素 B3	0.018 141 462 4
锦葵色素-3-O-鼠李糖苷	N/A	原花青素 B1	0.078 577 476 2
锦葵色素	N/A	槲皮素-3-O-葡萄糖苷（异槲皮苷）	N/A
锦葵色素-3-O-葡萄糖苷	0.004 619 890 62	柚皮素	N/A
天竺葵素-3-O-半乳糖苷	N/A		

黑　登

一、有机酸含量

化合物中文名称	含量（ng/g）	化合物中文名称	含量（ng/g）
（R)-3-羟基丁酸	38 874.728 1	反式-乌头酸	153 392.327
齐墩果酸	48.373 541 6	L-苹果酸	1 475 133.48
戊二酸	3 822.107 97	己二酸	1 929.157 6
4-羟基马尿酸	N/A	邻氨基苯甲酸	4.655 418 23
乳酸	N/A	壬二酸	476.114 297
对羟基苯乙酸	N/A	顺式-乌头酸	143 765.078
2-羟基-3-甲基丁酸	N/A	富马酸	15 207.633
犬尿氨酸	N/A	3-(4-羟基苯基)乳酸	25.843 978 6
肉桂酸	34.925 449 9	α-酮戊二酸	57 452.244 4
3-吲哚乙酸	17.575 044 5	泛酸	5 898.991 5
苯乙酰甘氨酸	N/A	L-焦谷氨酸	1 380.452 84
3-羟基异戊酸	N/A	水杨酸	14.338 540 6
5-羟基吲哚-3-乙酸	N/A	辛二酸	137.777 338
乙基丙二酸	N/A	琥珀酸	62 948.289 5
吲哚-3-乙酸	N/A	酒石酸	12 417.638 9
山楂酸	17.253 015 6	2-羟基-2-甲基丁酸	1 362.131 7
苯甲酸	N/A	4-氨基丁酸	48 194.977 3
3-(3-羟基苯基)-3-羟基丙酸	N/A	4-香豆酸	514.169 468
3-羟基马尿酸	N/A	对羟基苯甲酸	409.394 898
马尿酸	N/A	咖啡酸	366.212 181
乙酰丙酸	N/A	阿魏酸	113.522 84
甲基丙二酸	N/A	没食子酸	1 426.834 09
新绿原酸	N/A	丙酮酸	788.709 709
吲哚-2-羧酸	N/A	莽草酸	28 706.743 1
甲基丁二酸	N/A	牛磺酸	13.432 667 6
3,4-二羟基苯乙酸	N/A	DL-3-苯基乳酸	351.241 843
氢化肉桂酸	N/A	3-甲基己二酸	86.626 161 8
鼠尾草酸	N/A	邻羟基苯乙酸	26.898 259 8
柠康酸	N/A	5-羟甲基-2-呋喃甲酸	235.127 546
隐绿原酸	N/A	癸二酸	232.006 13
3-羟基苯乙酸	5 685.366 82	氯氨酮	52.203 381 5
高香草酸	N/A	马来酸	N/A
3-羟基-3-甲基谷氨酸	210.628 831		

二、糖含量

化合物中文名称	含量（mg/g）	化合物中文名称	含量（mg/g）
苯基-β-D-吡喃葡萄糖苷	N/A	1,5-酐-D-山梨糖醇	0.573 943 536
D-纤维二糖	0.106 556 117	D-甘露糖-6-磷酸钠	0.028 338 385 3
海藻糖	0.012 176 641 9	1,6-脱水-β-D-葡萄糖	0.348 695 394
蔗糖	278.407 132	肌醇	5.678 652 8
麦芽糖	0.047 593 264	D-葡萄糖醛酸	0.018 526 577 5
乳糖	N/A	葡萄糖	24.693 214 5
2-脱氧-D-葡萄糖	N/A	D-半乳糖醛酸	1.010 232 79
2-脱氧-D-核糖	N/A	D-半乳糖	0.182 627 637
D-甘露糖	N/A	L-岩藻糖	0.301 872 214
D-核糖	N/A	D-果糖	129.908 271
D-（+）-核糖酸-1,4-内酯	0.005 878 870 73	D-阿拉伯糖	0.026 805 745 4
D-木酮糖	0.004 521 208 52	阿拉伯糖醇	0.014 268 053 5
D-木糖	0.217 565 131	N-乙酰氨基葡萄糖	0.006 017 394 75
木糖醇	0.009 356 097 08	甲基 β-D-吡喃半乳糖苷	0.041 189 697 9
D-山梨醇	0.036 848 340 8	L-鼠李糖	0.027 524 715 2
D-核糖-5-磷酸钡盐	0.024 296 186 2	棉子糖	N/A

三、花青素含量

化合物中文名称	含量（μg/g）	化合物中文名称	含量（μg/g）
矢车菊素-3-O-（6″-O-乙酰）葡萄糖苷	N/A	芍药花素-3-O-（6″-O-乙酰-丙二酰）葡萄糖苷	N/A
矢车菊素-3-O-（6″-对香豆酰）半乳糖苷	N/A	芍药花素-3-O-半乳糖苷	N/A
矢车菊素-3-O-（6″-咖啡酰）鼠李糖苷	N/A	芍药花素-3-O-（乙酰）（丙二酰）半乳糖苷	N/A
矢车菊素-3-O-半乳糖苷	0.008 898 520 59	芍药花素-3-O-（6″-O-乙酰）葡萄糖苷	N/A
矢车菊素-3-O-芸香糖苷	N/A	芍药花素-3-O-葡萄糖苷	N/A
矢车菊素-3-O-葡萄糖苷	N/A	芍药花素-3-O-木糖苷	0.013 692 603
飞燕草素-3-O-木糖苷	N/A	矮牵牛素-3-O-阿拉伯糖苷	N/A
飞燕草素-3-O-芸香糖苷	N/A	矮牵牛素-3-O-半乳糖苷	N/A
飞燕草素-3-O-（6″-O-乙酰）半乳糖苷	N/A	原花青素 B4	N/A
飞燕草素-3-O-槐糖苷	N/A	原花青素 B2	N/A
锦葵色素-3-O-木糖苷	N/A	原花青素 B3	0.059 487 605
锦葵色素-3-O-鼠李糖苷	N/A	原花青素 B1	0.333 178 729
锦葵色素	N/A	槲皮素-3-O-葡萄糖苷（异槲皮苷）	0.230 945 622
锦葵色素-3-O-葡萄糖苷	0.005 066 173 53	柚皮素	N/A
天竺葵素-3-O-半乳糖苷	0.000 150 501		

红象牙

一、有机酸含量

化合物中文名称	含量（ng/g）	化合物中文名称	含量（ng/g）
（R）-3-羟基丁酸	44 915.958 5	反式-乌头酸	232 184.456
齐墩果酸	9.885 647 67	L-苹果酸	1 213 419.69
戊二酸	2 749.782 38	己二酸	136.563 731
4-羟基马尿酸	N/A	邻氨基苯甲酸	2.312 870 47
乳酸	N/A	壬二酸	526.207 254
对羟基苯乙酸	12.071 917 1	顺式-乌头酸	232 318.135
2-羟基-3-甲基丁酸	N/A	富马酸	4 071.564 77
犬尿氨酸	N/A	3-(4-羟基苯基)乳酸	4.911 005 18
肉桂酸	N/A	α-酮戊二酸	13 625.492 2
3-吲哚乙酸	N/A	泛酸	10 042.787 6
苯乙酰甘氨酸	N/A	L-焦谷氨酸	7 916.331 61
3-羟基异戊酸	N/A	水杨酸	219.927 461
5-羟基吲哚-3-乙酸	N/A	辛二酸	118.429 016
乙基丙二酸	N/A	琥珀酸	37 079.378 2
吲哚-3-乙酸	3.272 694 3	酒石酸	11 604.766 8
山楂酸	N/A	2-羟基-2-甲基丁酸	340.094 301
苯甲酸	N/A	4-氨基丁酸	90 208.601
3-(3-羟基苯基)-3-羟基丙酸	N/A	4-香豆酸	67.692 746 1
3-羟基马尿酸	N/A	对羟基苯甲酸	592.433 161
马尿酸	N/A	咖啡酸	10.038 953 4
乙酰丙酸	N/A	阿魏酸	151.340 933
甲基丙二酸	N/A	没食子酸	4 266.839 38
新绿原酸	N/A	丙酮酸	514.049 741
吲哚-2-羧酸	N/A	莽草酸	23 959.274 6
甲基丁二酸	N/A	牛磺酸	67.874 300 5
3,4-二羟基苯乙酸	N/A	DL-3-苯基乳酸	7.486 145 08
氢化肉桂酸	N/A	3-甲基己二酸	29.383 419 7
鼠尾草酸	N/A	邻羟基苯乙酸	9.388 507 77
柠康酸	N/A	5-羟甲基-2-呋喃甲酸	306.347 15
隐绿原酸	N/A	癸二酸	156.813 472
3-羟基苯乙酸	3 569.772 02	氯氨酮	5.402 331 61
高香草酸	N/A	马来酸	N/A
3-羟基-3-甲基谷氨酸	141.326 425		

二、糖含量

化合物中文名称	含量（mg/g）	化合物中文名称	含量（mg/g）
苯基-β-D-吡喃葡萄糖苷	N/A	1,5-酐-D-山梨糖醇	0.409 292 01
D-纤维二糖	0.119 927 167	D-甘露糖-6-磷酸钠	0.077 246 682 8
海藻糖	0.010 725 559 3	1,6-脱水-β-D-葡萄糖	0.376 974 334
蔗糖	264.809 685	肌醇	5.154 479 42
麦芽糖	0.068 749 636 8	D-葡萄糖醛酸	0.026 326 004 8
乳糖	N/A	葡萄糖	68.116 610 2
2-脱氧-D-葡萄糖	N/A	D-半乳糖醛酸	0.016 195 777 2
2-脱氧-D-核糖	N/A	D-半乳糖	0.279 856 659
D-甘露糖	N/A	L-岩藻糖	0.342 707 99
D-核糖	N/A	D-果糖	172.629 927
D-(+)-核糖酸-1,4-内酯	0.006 395 467 31	D-阿拉伯糖	0.054 410 653 8
D-木酮糖	0.006 664 523	阿拉伯糖醇	0.018 579 389 8
D-木糖	0.246 012 591	N-乙酰氨基葡萄糖	0.009 463 515 74
木糖醇	0.010 634 789 3	甲基β-D-吡喃半乳糖苷	0.044 470 508 5
D-山梨醇	0.020 837 385	L-鼠李糖	0.026 999 515 7
D-核糖-5-磷酸钡盐	0.080 823 050 8	棉子糖	N/A

三、花青素含量

化合物中文名称	含量（μg/g）	化合物中文名称	含量（μg/g）
矢车菊素-3-O-(6″-O-乙酰)葡萄糖苷	N/A	芍药花素-3-O-(6″-O-乙酰-丙二酰)葡萄糖苷	N/A
矢车菊素-3-O-(6″-对香豆酰)半乳糖苷	N/A	芍药花素-3-O-半乳糖苷	0.015 729 66
矢车菊素-3-O-(6″-咖啡酰)鼠李糖苷	N/A	芍药花素-3-O-(乙酰)(丙二酰)半乳糖苷	N/A
矢车菊素-3-O-半乳糖苷	N/A	芍药花素-3-O-(6″-O-乙酰)葡萄糖苷	N/A
矢车菊素-3-O-芸香糖苷	N/A	芍药花素-3-O-葡萄糖苷	N/A
矢车菊素-3-O-葡萄糖苷	N/A	芍药花素-3-O-木糖苷	N/A
飞燕草素-3-O-木糖苷	N/A	矮牵牛素-3-O-阿拉伯糖苷	N/A
飞燕草素-3-O-芸香糖苷	N/A	矮牵牛素-3-O-半乳糖苷	N/A
飞燕草素-3-O-(6″-O-乙酰)半乳糖苷	N/A	原花青素 B4	N/A
飞燕草素-3-O-槐糖苷	0.012 823 74	原花青素 B2	N/A
锦葵色素-3-O-木糖苷	N/A	原花青素 B3	0.027 299 6
锦葵色素-3-O-鼠李糖苷	N/A	原花青素 B1	0.057 943 2
锦葵色素	N/A	槲皮素-3-O-葡萄糖苷（异槲皮苷）	0.362 264
锦葵色素-3-O-葡萄糖苷	N/A	柚皮素	0.007 592 12
天竺葵素-3-O-半乳糖苷	N/A		

红鹰芒

一、有机酸含量

化合物中文名称	含量（ng/g）	化合物中文名称	含量（ng/g）
（R）-3-羟基丁酸	68 597.324 5	反式-乌头酸	97 846.064 4
齐墩果酸	2.177 539 74	L-苹果酸	1 443 844.51
戊二酸	3 634.519 19	己二酸	95.369 135 3
4-羟基马尿酸	N/A	邻氨基苯甲酸	3.876 609 15
乳酸	N/A	壬二酸	195.805 545
对羟基苯乙酸	N/A	顺式-乌头酸	102 162.66
2-羟基-3-甲基丁酸	N/A	富马酸	4 216.265 99
犬尿氨酸	N/A	3-（4-羟基苯基）乳酸	13.679 817 8
肉桂酸	N/A	α-酮戊二酸	16 344.901 1
3-吲哚乙酸	N/A	泛酸	1 843.796 04
苯乙酰甘氨酸	N/A	L-焦谷氨酸	10 587.921 7
3-羟基异戊酸	N/A	水杨酸	66.717 623 1
5-羟基吲哚-3-乙酸	N/A	辛二酸	65.430 981
乙基丙二酸	N/A	琥珀酸	29 699.495 9
吲哚-3-乙酸	N/A	酒石酸	8 853.518 81
山楂酸	N/A	2-羟基-2-甲基丁酸	137.304 188
苯甲酸	N/A	4-氨基丁酸	58 912.756 9
3-（3-羟基苯基）-3-羟基丙酸	N/A	4-香豆酸	126.432 726
3-羟基马尿酸	N/A	对羟基苯甲酸	68.899 670 4
马尿酸	N/A	咖啡酸	17.677 200 5
乙酰丙酸	N/A	阿魏酸	68.693 485 8
甲基丙二酸	N/A	没食子酸	786.966 848
新绿原酸	N/A	丙酮酸	768.623 497
吲哚-2-羧酸	N/A	莽草酸	34 676.037 2
甲基丁二酸	N/A	牛磺酸	21.107 018 2
3,4-二羟基苯乙酸	N/A	DL-3-苯基乳酸	2.313 697 17
氢化肉桂酸	N/A	3-甲基己二酸	11.801 667 3
鼠尾草酸	N/A	邻羟基苯乙酸	N/A
柠康酸	N/A	5-羟甲基-2-呋喃甲酸	158.636 099
隐绿原酸	N/A	癸二酸	376.666 344
3-羟基苯乙酸	4 750.077 55	氯氨酮	25.798 177 6
高香草酸	N/A	马来酸	N/A
3-羟基-3-甲基谷氨酸	98.747 576 6		

二、糖含量

化合物中文名称	含量（mg/g）	化合物中文名称	含量（mg/g）
苯基-β-D-吡喃葡萄糖苷	N/A	1,5-酐-D-山梨糖醇	1.308 010 18
D-纤维二糖	0.106 950 84	D-甘露糖-6-磷酸钠	0.089 990 229
海藻糖	0.010 186 422 4	1,6-脱水-β-D-葡萄糖	0.325 341 476
蔗糖	262.583 206	肌醇	4.460 844 78
麦芽糖	0.029 566 615 8	D-葡萄糖醛酸	0.022 636 539 4
乳糖	N/A	葡萄糖	31.700 356 2
2-脱氧-D-葡萄糖	N/A	D-半乳糖醛酸	0.033 901 475 8
2-脱氧-D-核糖	N/A	D-半乳糖	0.093 635 012 7
D-甘露糖	N/A	L-岩藻糖	0.392 608 651
D-核糖	N/A	D-果糖	181.784 02
D-(+)-核糖酸-1,4-内酯	0.005 890 524 17	D-阿拉伯糖	0.033 807 43
D-木酮糖	0.005 548 010 18	阿拉伯糖醇	0.017 101 170 5
D-木糖	0.219 715 013	N-乙酰氨基葡萄糖	0.006 957 618 32
木糖醇	0.009 051 826 97	甲基β-D-吡喃半乳糖苷	0.024 599 287 5
D-山梨醇	0.018 549 190 8	L-鼠李糖	0.024 571 603 1
D-核糖-5-磷酸钡盐	0.044 417 506 4	棉子糖	N/A

三、花青素含量

化合物中文名称	含量（μg/g）	化合物中文名称	含量（μg/g）
矢车菊素-3-O-(6″-O-乙酰)葡萄糖苷	N/A	芍药花素-3-O-(6″-O-乙酰-丙二酰)葡萄糖苷	N/A
矢车菊素-3-O-(6″-对香豆酰)半乳糖苷	N/A	芍药花素-3-O-半乳糖苷	0.014 175 384
矢车菊素-3-O-(6″-咖啡酰)鼠李糖苷	N/A	芍药花素-3-O-(乙酰)(丙二酰)半乳糖苷	N/A
矢车菊素-3-O-半乳糖苷	N/A	芍药花素-3-O-(6″-O-乙酰)葡萄糖苷	N/A
矢车菊素-3-O-芸香糖苷	N/A	芍药花素-3-O-葡萄糖苷	N/A
矢车菊素-3-O-葡萄糖苷	N/A	芍药花素-3-O-木糖苷	N/A
飞燕草素-3-O-木糖苷	0.012 252 934 2	矮牵牛素-3-O-阿拉伯糖苷	N/A
飞燕草素-3-O-芸香糖苷	N/A	矮牵牛素-3-O-半乳糖苷	N/A
飞燕草素-3-O-(6″-O-乙酰)半乳糖苷	N/A	原花青素 B4	N/A
飞燕草素-3-O-槐糖苷	0.0132 828 87	原花青素 B2	0.026 272 942 1
锦葵色素-3-O-木糖苷	N/A	原花青素 B3	0.112 277 471
锦葵色素-3-O-鼠李糖苷	N/A	原花青素 B1	0.536 411 973
锦葵色素	N/A	槲皮素-3-O-葡萄糖苷（异槲皮苷）	N/A
锦葵色素-3-O-葡萄糖苷	0.004 138 538 79	柚皮素	N/A
天竺葵素-3-O-半乳糖苷	0.020 358 999 6		

红 云

一、有机酸含量

化合物中文名称	含量（ng/g）	化合物中文名称	含量（ng/g）
（R）-3-羟基丁酸	13 178.316	反式-乌头酸	67 305.027 6
齐墩果酸	N/A	L-苹果酸	999 938.688
戊二酸	N/A	己二酸	160.524 218
4-羟基马尿酸	N/A	邻氨基苯甲酸	1.758 052 32
乳酸	N/A	壬二酸	2 626.517 47
对羟基苯乙酸	N/A	顺式-乌头酸	62 659.002 7
2-羟基-3-甲基丁酸	N/A	富马酸	4 519.517 68
犬尿氨酸	N/A	3-（4-羟基苯基）乳酸	20.467 913 3
肉桂酸	N/A	α-酮戊二酸	17 539.546 3
3-吲哚乙酸	N/A	泛酸	9 454.332 72
苯乙酰甘氨酸	N/A	L-焦谷氨酸	5 193.715 51
3-羟基异戊酸	N/A	水杨酸	28.917 433 1
5-羟基吲哚-3-乙酸	N/A	辛二酸	1 230.891 07
乙基丙二酸	N/A	琥珀酸	43 765.89
吲哚-3-乙酸	N/A	酒石酸	10 110.780 7
山楂酸	N/A	2-羟基-2-甲基丁酸	319.646 434
苯甲酸	N/A	4-氨基丁酸	50 618.843 2
3-（3-羟基苯基）-3-羟基丙酸	N/A	4-香豆酸	222.714 081
3-羟基马尿酸	N/A	对羟基苯甲酸	189.161 046
马尿酸	N/A	咖啡酸	33.967 504 6
乙酰丙酸	N/A	阿魏酸	87.335 785 8
甲基丙二酸	N/A	没食子酸	685.047 006
新绿原酸	N/A	丙酮酸	753.514 204
吲哚-2-羧酸	N/A	莽草酸	53 041.59
甲基丁二酸	N/A	牛磺酸	18.267 218 5
3,4-二羟基苯乙酸	N/A	DL-3-苯基乳酸	163.083 998
氢化肉桂酸	N/A	3-甲基己二酸	53.435 520 1
鼠尾草酸	N/A	邻羟基苯乙酸	3.359 523 81
柠康酸	N/A	5-羟甲基-2-呋喃甲酸	278.548 947
隐绿原酸	N/A	癸二酸	272.515 839
3-羟基苯乙酸	2 568.362 97	氯氨酮	45.332 209 3
高香草酸	N/A	马来酸	N/A
3-羟基-3-甲基谷氨酸	114.172 287		

二、糖含量

化合物中文名称	含量（mg/g）	化合物中文名称	含量（mg/g）
苯基-β-D-吡喃葡萄糖苷	N/A	1,5-酐-D-山梨糖醇	1.140 251 5
D-纤维二糖	0.056 499 800 4	D-甘露糖-6-磷酸钠	0.069 096 806 4
海藻糖	0.010 255 728 5	1,6-脱水-β-D-葡萄糖	0.271 538 922
蔗糖	289.574 85	肌醇	5.178 403 19
麦芽糖	0.223 916 168	D-葡萄糖醛酸	0.017 427 904 2
乳糖	N/A	葡萄糖	65.213 772 5
2-脱氧-D-葡萄糖	N/A	D-半乳糖醛酸	0.204 105 78 8
2-脱氧-D-核糖	N/A	D-半乳糖	0.355 327 345
D-甘露糖	N/A	L-岩藻糖	0.302 245 509
D-核糖	N/A	D-果糖	109.125 749
D-(+)-核糖酸-1,4-内酯	0.006 627 085 83	D-阿拉伯糖	0.026 082 035 9
D-木酮糖	0.008 841 696 61	阿拉伯糖醇	0.017 549 680 6
D-木糖	0.114 768 064	N-乙酰氨基葡萄糖	0.009 943 852 3
木糖醇	0.006 779 281 44	甲基β-D-吡喃半乳糖苷	0.084 128 343 3
D-山梨醇	0.014 649 081 8	L-鼠李糖	0.019 572 594 8
D-核糖-5-磷酸钡盐	0.070 651 297 4	棉子糖	N/A

三、花青素含量

化合物中文名称	含量（μg/g）	化合物中文名称	含量（μg/g）
矢车菊素-3-O-(6″-O-乙酰)葡萄糖苷	N/A	芍药花素-3-O-(6″-O-乙酰-丙二酰)葡萄糖苷	N/A
矢车菊素-3-O-(6″-对香豆酰)半乳糖苷	N/A	芍药花素-3-O-半乳糖苷	N/A
矢车菊素-3-O-(6″-咖啡酰)鼠李糖苷	N/A	芍药花素-3-O-(乙酰)(丙二酰)半乳糖苷	N/A
矢车菊素-3-O-半乳糖苷	N/A	芍药花素-3-O-(6″-O-乙酰)葡萄糖苷	N/A
矢车菊素-3-O-芸香糖苷	0.009 882 670 68	芍药花素-3-O-葡萄糖苷	N/A
矢车菊素-3-O-葡萄糖苷	N/A	芍药花素-3-O-木糖苷	N/A
飞燕草素-3-O-木糖苷	N/A	矮牵牛素-3-O-阿拉伯糖苷	N/A
飞燕草素-3-O-芸香糖苷	N/A	矮牵牛素-3-O-半乳糖苷	N/A
飞燕草素-3-O-(6″-O-乙酰)半乳糖苷	N/A	原花青素 B4	N/A
飞燕草素-3-O-槐糖苷	0.012 182 108 4	原花青素 B2	N/A
锦葵色素-3-O-木糖苷	N/A	原花青素 B3	0.066 164 859 4
锦葵色素-3-O-鼠李糖苷	N/A	原花青素 B1	0.526 455 823
锦葵色素	N/A	槲皮素-3-O-葡萄糖苷（异槲皮苷）	N/A
锦葵色素-3-O-葡萄糖苷	0.007 290 140 56	柚皮素	0.008 248 855 42
天竺葵素-3-O-半乳糖苷	N/A		

红云5号

一、有机酸含量

化合物中文名称	含量（ng/g）	化合物中文名称	含量（ng/g）
（R）-3-羟基丁酸	26 051.838 8	反式-乌头酸	97 642.312 2
齐墩果酸	14.402 190 9	L-苹果酸	1 020 217.14
戊二酸	N/A	己二酸	239.246 87
4-羟基马尿酸	2.650 420 58	邻氨基苯甲酸	2.012 138 11
乳酸	9 832.257 43	壬二酸	952.653 56
对羟基苯乙酸	N/A	顺式-乌头酸	146 999.218
2-羟基-3-甲基丁酸	29.747 163 5	富马酸	2 884.683 1
犬尿氨酸	N/A	3-（4-羟基苯基）乳酸	31.867 077 5
肉桂酸	N/A	α-酮戊二酸	18 869.718 3
3-吲哚乙酸	N/A	泛酸	4 289.241
苯乙酰甘氨酸	N/A	L-焦谷氨酸	5 136.120 89
3-羟基异戊酸	N/A	水杨酸	95.659 233 2
5-羟基吲哚-3-乙酸	N/A	辛二酸	379.978 482
乙基丙二酸	N/A	琥珀酸	48 330.790 3
吲哚-3-乙酸	N/A	酒石酸	9 514.465 96
山楂酸	N/A	2-羟基-2-甲基丁酸	378.506 455
苯甲酸	N/A	4-氨基丁酸	51 096.831
3-（3-羟基苯基）-3-羟基丙酸	N/A	4-香豆酸	137.174 296
3-羟基马尿酸	N/A	对羟基苯甲酸	243.025 235
马尿酸	N/A	咖啡酸	49.811 032 9
乙酰丙酸	N/A	阿魏酸	97.888 302
甲基丙二酸	N/A	没食子酸	984.477 7
新绿原酸	N/A	丙酮酸	725.239 632
吲哚-2-羧酸	N/A	莽草酸	18 730.438 2
甲基丁二酸	N/A	牛磺酸	70.894 366 2
3,4-二羟基苯乙酸	N/A	DL-3-苯基乳酸	48.972 026 6
氢化肉桂酸	N/A	3-甲基己二酸	57.539 221 4
鼠尾草酸	N/A	邻羟基苯乙酸	5.373 513 3
柠康酸	N/A	5-羟甲基-2-呋喃甲酸	214.619 523
隐绿原酸	N/A	癸二酸	323.712 833
3-羟基苯乙酸	3 820.197 57	氯氨酮	28.520 050 9
高香草酸	N/A	马来酸	N/A
3-羟基-3-甲基谷氨酸	235.330 595		

二、糖含量

化合物中文名称	含量（mg/g）	化合物中文名称	含量（mg/g）
苯基-β-D-吡喃葡萄糖苷	N/A	1,5-酐-D-山梨糖醇	0.894 913 34
D-纤维二糖	0.076 118 013 6	D-甘露糖-6-磷酸钠	0.055 432 327 2
海藻糖	0.008 562 979 55	1,6-脱水-β-D-葡萄糖	0.370 331 061
蔗糖	301.478 092	肌醇	3.977 312 56
麦芽糖	0.150 734 956	D-葡萄糖醛酸	0.017 327 419 7
乳糖	N/A	葡萄糖	55.108 081 8
2-脱氧-D-葡萄糖	N/A	D-半乳糖醛酸	0.065 281 402 1
2-脱氧-D-核糖	N/A	D-半乳糖	0.200 708 861
D-甘露糖	N/A	L-岩藻糖	0.344 728 335
D-核糖	N/A	D-果糖	97.853 359 3
D-(+)-核糖酸-1,4-内酯	0.005 793 631 94	D-阿拉伯糖	0.028 504 771 2
D-木酮糖	0.005 709 269 72	阿拉伯糖醇	0.016 633 223
D-木糖	0.108 148 199	N-乙酰氨基葡萄糖	0.010 754 644 6
木糖醇	0.006 826 290 17	甲基 β-D-吡喃半乳糖苷	0.058 703 408
D-山梨醇	0.018 058 636 8	L-鼠李糖	0.022 456 669 9
D-核糖-5-磷酸钡盐	0.067 707 887	棉子糖	N/A

三、花青素含量

化合物中文名称	含量（μg/g）	化合物中文名称	含量（μg/g）
矢车菊素-3-O-(6″-O-乙酰)葡萄糖苷	0.001 815 843 65	芍药花素-3-O-(6″-O-乙酰-丙二酰)葡萄糖苷	N/A
矢车菊素-3-O-(6″-对香豆酰)半乳糖苷	N/A	芍药花素-3-O-半乳糖苷	N/A
矢车菊素-3-O-(6″-咖啡酰)鼠李糖苷	N/A	芍药花素-3-O-(乙酰)(丙二酰)半乳糖苷	N/A
矢车菊素-3-O-半乳糖苷	N/A	芍药花素-3-O-(6″-O-乙酰)葡萄糖苷	N/A
矢车菊素-3-O-芸香糖苷	N/A	芍药花素-3-O-葡萄糖苷	N/A
矢车菊素-3-O-葡萄糖苷	N/A	芍药花素-3-O-木糖苷	N/A
飞燕草素-3-O-木糖苷	N/A	矮牵牛素-3-O-阿拉伯糖苷	N/A
飞燕草素-3-O-芸香糖苷	N/A	矮牵牛素-3-O-半乳糖苷	N/A
飞燕草素-3-O-(6″-O-乙酰)半乳糖苷	N/A	原花青素 B4	N/A
飞燕草素-3-O-槐糖苷	0.011 323 296	原花青素 B2	N/A
锦葵色素-3-O-木糖苷	N/A	原花青素 B3	0.024 100 373 2
锦葵色素-3-O-鼠李糖苷	N/A	原花青素 B1	0.076 232 763 7
锦葵色素	N/A	槲皮素-3-O-葡萄糖苷（异槲皮苷）	N/A
锦葵色素-3-O-葡萄糖苷	0.005 056 609 7	柚皮素	N/A
天竺葵素-3-O-半乳糖苷	N/A		

金白花

一、有机酸含量

化合物中文名称	含量（ng/g）	化合物中文名称	含量（ng/g）
（R）-3-羟基丁酸	1 694.302 14	反式-乌头酸	42 343.787 8
齐墩果酸	84.863 150 5	L-苹果酸	1 188 442.92
戊二酸	N/A	己二酸	4.510 609 12
4-羟基马尿酸	N/A	邻氨基苯甲酸	2.990 732 15
乳酸	N/A	壬二酸	865.696 854
对羟基苯乙酸	N/A	顺式-乌头酸	77 635.740 2
2-羟基-3-甲基丁酸	N/A	富马酸	2 439.360 63
犬尿氨酸	N/A	3-（4-羟基苯基）乳酸	9.976 341 27
肉桂酸	N/A	α-酮戊二酸	15 786.204 1
3-吲哚乙酸	N/A	泛酸	7 909.318 27
苯乙酰甘氨酸	N/A	L-焦谷氨酸	2 006.060 91
3-羟基异戊酸	N/A	水杨酸	3.102 319 48
5-羟基吲哚-3-乙酸	N/A	辛二酸	246.145 623
乙基丙二酸	N/A	琥珀酸	30 968.737 4
吲哚-3-乙酸	N/A	酒石酸	9 978.660 75
山楂酸	N/A	2-羟基-2-甲基丁酸	3 359.197 26
苯甲酸	N/A	4-氨基丁酸	43 522.690 6
3-（3-羟基苯基）-3-羟基丙酸	N/A	4-香豆酸	68.342 779 3
3-羟基马尿酸	N/A	对羟基苯甲酸	263.171 642
马尿酸	N/A	咖啡酸	118.670 835
乙酰丙酸	N/A	阿魏酸	19.432 029
甲基丙二酸	N/A	没食子酸	1 416.710 37
新绿原酸	N/A	丙酮酸	515.649 455
吲哚-2-羧酸	N/A	莽草酸	34 827.551 4
甲基丁二酸	N/A	牛磺酸	12.689 189 2
3,4-二羟基苯乙酸	N/A	DL-3-苯基乳酸	120.032 271
氢化肉桂酸	N/A	3-甲基己二酸	4.255 092 78
鼠尾草酸	N/A	邻羟基苯乙酸	25.454 215 4
柠康酸	N/A	5-羟甲基-2-呋喃甲酸	N/A
隐绿原酸	N/A	癸二酸	N/A
3-羟基苯乙酸	N/A	氯氨酮	N/A
高香草酸	N/A	马来酸	N/A
3-羟基-3-甲基谷氨酸	100.334 308		

二、糖含量

化合物中文名称	含量（mg/g）	化合物中文名称	含量（mg/g）
苯基-β-D-吡喃葡萄糖苷	N/A	1,5-酐-D-山梨糖醇	0.492 628 544
D-纤维二糖	0.131 740 125	D-甘露糖-6-磷酸钠	0.063 189 043 7
海藻糖	0.012 070 946 7	1,6-脱水-β-D-葡萄糖	0.407 792 407
蔗糖	295.861 605	肌醇	3.483 555 98
麦芽糖	0.183 667 852	D-葡萄糖醛酸	0.614 833 253
乳糖	N/A	葡萄糖	73.135 992 3
2-脱氧-D-葡萄糖	N/A	D-半乳糖醛酸	0.930 864 008
2-脱氧-D-核糖	N/A	D-半乳糖	0.126 001 538
D-甘露糖	N/A	L-岩藻糖	0.446 444 978
D-核糖	N/A	D-果糖	154.943 585
D-(+)-核糖酸-1,4-内酯	0.006 680 557 42	D-阿拉伯糖	0.014 418 183 6
D-木酮糖	0.005 779 855 84	阿拉伯糖醇	0.015 603 748 2
D-木糖	0.062 403 267 7	N-乙酰氨基葡萄糖	0.007 333 877 94
木糖醇	0.006 592 157 62	甲基 β-D-吡喃半乳糖苷	0.050 390 773 7
D-山梨醇	0.019 896 780 4	L-鼠李糖	0.024 745 218 6
D-核糖-5-磷酸钡盐	0.045 304 565 1	棉子糖	N/A

三、花青素含量

化合物中文名称	含量（μg/g）	化合物中文名称	含量（μg/g）
矢车菊素-3-O-(6″-O-乙酰)葡萄糖苷	N/A	芍药花素-3-O-(6″-O-乙酰-丙二酰)葡萄糖苷	N/A
矢车菊素-3-O-(6″-对香豆酰)半乳糖苷	N/A	芍药花素-3-O-半乳糖苷	N/A
矢车菊素-3-O-(6″-咖啡酰)鼠李糖苷	N/A	芍药花素-3-O-(乙酰)(丙二酰)半乳糖苷	N/A
矢车菊素-3-O-半乳糖苷	N/A	芍药花素-3-O-(6″-O-乙酰)葡萄糖苷	N/A
矢车菊素-3-O-芸香糖苷	N/A	芍药花素-3-O-葡萄糖苷	N/A
矢车菊素-3-O-葡萄糖苷	N/A	芍药花素-3-O-木糖苷	N/A
飞燕草素-3-O-木糖苷	N/A	矮牵牛素-3-O-阿拉伯糖苷	N/A
飞燕草素-3-O-芸香糖苷	N/A	矮牵牛素-3-O-半乳糖苷	N/A
飞燕草素-3-O-(6″-O-乙酰)半乳糖苷	N/A	原花青素 B4	N/A
飞燕草素-3-O-槐糖苷	0.011 983 715 9	原花青素 B2	0.026 903 047 1
锦葵色素-3-O-木糖苷	N/A	原花青素 B3	0.144 294 816
锦葵色素-3-O-鼠李糖苷	0.015 299 683 4	原花青素 B1	1.847 036 01
锦葵色素	N/A	槲皮素-3-O-葡萄糖苷（异槲皮苷）	N/A
锦葵色素-3-O-葡萄糖苷	0.005 366 561 14	柚皮素	N/A
天竺葵素-3-O-半乳糖苷	N/A		

金　煌

一、有机酸含量

化合物中文名称	含量（ng/g）	化合物中文名称	含量（ng/g）
（R）-3-羟基丁酸	972.710 554	反式-乌头酸	73 736.259 1
齐墩果酸	N/A	L-苹果酸	1 408 098.22
戊二酸	933.694 88	己二酸	99.313 270 6
4-羟基马尿酸	N/A	邻氨基苯甲酸	2.675 579 94
乳酸	N/A	壬二酸	542.306 165
对羟基苯乙酸	N/A	顺式-乌头酸	194 070.01
2-羟基-3-甲基丁酸	N/A	富马酸	3 493.761 76
犬尿氨酸	N/A	3-（4-羟基苯基）乳酸	35.970 950 9
肉桂酸	N/A	α-酮戊二酸	11 840.020 9
3-吲哚乙酸	N/A	泛酸	5 068.244 51
苯乙酰甘氨酸	N/A	L-焦谷氨酸	4 419.007 31
3-羟基异戊酸	N/A	水杨酸	33.564 472 3
5-羟基吲哚-3-乙酸	N/A	辛二酸	143.012 539
乙基丙二酸	N/A	琥珀酸	30 838.349
吲哚-3-乙酸	N/A	酒石酸	9 107.042 84
山楂酸	N/A	2-羟基-2-甲基丁酸	75.894 043 9
苯甲酸	N/A	4-氨基丁酸	70 489.968 7
3-（3-羟基苯基）-3-羟基丙酸	N/A	4-香豆酸	488.731 452
3-羟基马尿酸	N/A	对羟基苯甲酸	426.732 497
马尿酸	N/A	咖啡酸	182.475 444
乙酰丙酸	N/A	阿魏酸	80.785 057 5
甲基丙二酸	N/A	没食子酸	1 653.061 65
新绿原酸	N/A	丙酮酸	492.520 376
吲哚-2-羧酸	N/A	莽草酸	10 805.851 6
甲基丁二酸	N/A	牛磺酸	31.294 461 9
3,4-二羟基苯乙酸	N/A	DL-3-苯基乳酸	3.134 284 22
氢化肉桂酸	N/A	3-甲基己二酸	19.552 351 1
鼠尾草酸	N/A	邻羟基苯乙酸	N/A
柠康酸	N/A	5-羟甲基-2-呋喃甲酸	56.416 092
隐绿原酸	N/A	癸二酸	307.071 055
3-羟基苯乙酸	2 620.020 9	氯氨酮	N/A
高香草酸	N/A	马来酸	N/A
3-羟基-3-甲基谷氨酸	359.803 553		

二、糖含量

化合物中文名称	含量（mg/g）	化合物中文名称	含量（mg/g）
苯基-β-D-吡喃葡萄糖苷	N/A	1,5-酐-D-山梨糖醇	0.119 098 504
D-纤维二糖	0.109 146 959	D-甘露糖-6-磷酸钠	0.055 149 152 5
海藻糖	0.009 770 049 85	1,6-脱水-β-D-葡萄糖	0.365 672 981
蔗糖	300.871 386	肌醇	1.616 666
麦芽糖	0.225 507 478	D-葡萄糖醛酸	0.025 249 651
乳糖	N/A	葡萄糖	103.333 998
2-脱氧-D-葡萄糖	N/A	D-半乳糖醛酸	0.026 628 713 9
2-脱氧-D-核糖	N/A	D-半乳糖	0.211 822 532
D-甘露糖	N/A	L-岩藻糖	0.302 454 636
D-核糖	N/A	D-果糖	124.857 428
D-（+）-核糖酸-1,4-内酯	0.006 873 938 19	D-阿拉伯糖	0.021 487 936 2
D-木酮糖	0.005 926 480 56	阿拉伯糖醇	0.017 432 382 9
D-木糖	0.104 558 724	N-乙酰氨基葡萄糖	0.008 564 047 86
木糖醇	0.009 772 382 85	甲基β-D-吡喃半乳糖苷	0.049 626 121 6
D-山梨醇	0.054 005 782 7	L-鼠李糖	0.022 953 34
D-核糖-5-磷酸钡盐	0.040 565 104 7	棉子糖	N/A

三、花青素含量

化合物中文名称	含量（μg/g）	化合物中文名称	含量（μg/g）
矢车菊素-3-O-（6″-O-乙酰）葡萄糖苷	N/A	芍药花素-3-O-（6″-O-乙酰-丙二酰）葡萄糖苷	N/A
矢车菊素-3-O-（6″-对香豆酰）半乳糖苷	0.001 832 791 78	芍药花素-3-O-半乳糖苷	N/A
矢车菊素-3-O-（6″-咖啡酰）鼠李糖苷	0.001 530 368 88	芍药花素-3-O-（乙酰）（丙二酰）半乳糖苷	N/A
矢车菊素-3-O-半乳糖苷	0.002 878 915 54	芍药花素-3-O-（6″-O-乙酰）葡萄糖苷	N/A
矢车菊素-3-O-芸香糖苷	N/A	芍药花素-3-O-葡萄糖苷	N/A
矢车菊素-3-O-葡萄糖苷	N/A	芍药花素-3-O-木糖苷	N/A
飞燕草素-3-O-木糖苷	N/A	矮牵牛素-3-O-阿拉伯糖苷	N/A
飞燕草素-3-O-芸香糖苷	N/A	矮牵牛素-3-O-半乳糖苷	N/A
飞燕草素-3-O-（6″-O-乙酰）半乳糖苷	N/A	原花青素 B4	0.027 323 926 6
飞燕草素-3-O-槐糖苷	0.008 705 825 44	原花青素 B2	0.034 975 609 8
锦葵色素-3-O-木糖苷	N/A	原花青素 B3	0.123 805 281
锦葵色素-3-O-鼠李糖苷	N/A	原花青素 B1	1.543 094 13
锦葵色素	N/A	槲皮素-3-O-葡萄糖苷（异槲皮苷）	N/A
锦葵色素-3-O-葡萄糖苷	0.004 225 095 75	柚皮素	0.005 840 697 44
天竺葵素-3-O-半乳糖苷	N/A		

金 龙

一、有机酸含量

化合物中文名称	含量（ng/g）	化合物中文名称	含量（ng/g）
（R）-3-羟基丁酸	10 289.522 2	反式-乌头酸	212 204.224
齐墩果酸	19.965 142 5	L-苹果酸	1 249 179.82
戊二酸	N/A	己二酸	705.434 693
4-羟基马尿酸	N/A	邻氨基苯甲酸	1.537 789 62
乳酸	7 370.360 88	壬二酸	781.998 155
对羟基苯乙酸	N/A	顺式-乌头酸	397 264.712
2-羟基-3-甲基丁酸	N/A	富马酸	5 249.210 58
犬尿氨酸	N/A	3-（4-羟基苯基）乳酸	3.642 895 22
肉桂酸	N/A	α-酮戊二酸	14 296.288 7
3-吲哚乙酸	11.314 332 6	泛酸	13 306.233 3
苯乙酰甘氨酸	4.351 548 08	L-焦谷氨酸	2 971.662 91
3-羟基异戊酸	N/A	水杨酸	301.234 365
5-羟基吲哚-3-乙酸	N/A	辛二酸	163.649 785
乙基丙二酸	N/A	琥珀酸	47 797.108 9
吲哚-3-乙酸	N/A	酒石酸	9 906.233 34
山楂酸	N/A	2-羟基-2-甲基丁酸	240.052 286
苯甲酸	N/A	4-氨基丁酸	73 647.631 7
3-（3-羟基苯基）-3-羟基丙酸	N/A	4-香豆酸	312.909 576
3-羟基马尿酸	N/A	对羟基苯甲酸	797.361 083
马尿酸	N/A	咖啡酸	565.032 807
乙酰丙酸	N/A	阿魏酸	148.586 221
甲基丙二酸	N/A	没食子酸	4 128.634 41
新绿原酸	N/A	丙酮酸	562.786 549
吲哚-2-羧酸	N/A	莽草酸	15 424.646 3
甲基丁二酸	N/A	牛磺酸	59.736 415 8
3,4-二羟基苯乙酸	N/A	DL-3-苯基乳酸	N/A
氢化肉桂酸	N/A	3-甲基己二酸	21.637 277
鼠尾草酸	N/A	邻羟基苯乙酸	1.472 052 49
柠康酸	N/A	5-羟甲基-2-呋喃甲酸	132.165 266
隐绿原酸	N/A	癸二酸	29.268 607 8
3-羟基苯乙酸	4870.155 83	氯氨酮	6.314 353 09
高香草酸	N/A	马来酸	N/A
3-羟基-3-甲基谷氨酸	268.631 331		

二、糖含量

化合物中文名称	含量（mg/g）	化合物中文名称	含量（mg/g）
苯基-β-D-吡喃葡萄糖苷	N/A	1,5-酐-D-山梨糖醇	0.559 881 657
D-纤维二糖	0.111 039 842	D-甘露糖-6-磷酸钠	0.064 674 950 7
海藻糖	0.011 895 384 6	1,6-脱水-β-D-葡萄糖	0.361 745 562
蔗糖	304.952 663	肌醇	5.023 925 05
麦芽糖	0.083 837 278 1	D-葡萄糖醛酸	0.018 854 418 1
乳糖	N/A	葡萄糖	9.202 406 31
2-脱氧-D-葡萄糖	N/A	D-半乳糖醛酸	0.233 984 221
2-脱氧-D-核糖	N/A	D-半乳糖	0.128 378 698
D-甘露糖	N/A	L-岩藻糖	0.205 526 627
D-核糖	N/A	D-果糖	147.752 663
D-(+)-核糖酸-1,4-内酯	N/A	D-阿拉伯糖	0.068 090 729 8
D-木酮糖	0.011 790 769 2	阿拉伯糖醇	0.023 268 047 3
D-木糖	0.078 574 359	N-乙酰氨基葡萄糖	0.012 956 745 6
木糖醇	0.009 535 680 47	甲基β-D-吡喃半乳糖苷	0.067 204 931
D-山梨醇	0.025 000 789	L-鼠李糖	0.043 555 424 1
D-核糖-5-磷酸钡盐	0.043 093 293 9	棉子糖	N/A

三、花青素含量

化合物中文名称	含量（μg/g）	化合物中文名称	含量（μg/g）
矢车菊素-3-O-(6″-O-乙酰)葡萄糖苷	N/A	芍药花素-3-O-(6″-O-乙酰-丙二酰)葡萄糖苷	N/A
矢车菊素-3-O-(6″-对香豆酰)半乳糖苷	N/A	芍药花素-3-O-半乳糖苷	0.025 175 745 5
矢车菊素-3-O-(6″-咖啡酰)鼠李糖苷	N/A	芍药花素-3-O-(乙酰)(丙二酰)半乳糖苷	N/A
矢车菊素-3-O-半乳糖苷	0.005 339 840 95	芍药花素-3-O-(6″-O-乙酰)葡萄糖苷	N/A
矢车菊素-3-O-芸香糖苷	N/A	芍药花素-3-O-葡萄糖苷	N/A
矢车菊素-3-O-葡萄糖苷	N/A	芍药花素-3-O-木糖苷	N/A
飞燕草素-3-O-木糖苷	N/A	矮牵牛素-3-O-阿拉伯糖苷	N/A
飞燕草素-3-O-芸香糖苷	N/A	矮牵牛素-3-O-半乳糖苷	0.001 473 711 73
飞燕草素-3-O-(6″-O-乙酰)半乳糖苷	N/A	原花青素 B4	N/A
飞燕草素-3-O-槐糖苷	0.012 416 759 4	原花青素 B2	0.004 217 495 03
锦葵色素-3-O-木糖苷	N/A	原花青素 B3	0.025 009 940 4
锦葵色素-3-O-鼠李糖苷	N/A	原花青素 B1	0.071 830 417 5
锦葵色素	N/A	槲皮素-3-O-葡萄糖苷（异槲皮苷）	N/A
锦葵色素-3-O-葡萄糖苷	0.007 661 351 89	柚皮素	N/A
天竺葵素-3-O-半乳糖苷	N/A		

金　穗

一、有机酸含量

化合物中文名称	含量（ng/g）	化合物中文名称	含量（ng/g）
（R）-3-羟基丁酸	17 688.903 8	反式-乌头酸	120 876.368
齐墩果酸	1.753 455 56	L-苹果酸	1 124 361.68
戊二酸	N/A	己二酸	1 441.889 04
4-羟基马尿酸	N/A	邻氨基苯甲酸	0.890 622 96
乳酸	N/A	壬二酸	502.119 409
对羟基苯乙酸	N/A	顺式-乌头酸	149 764.83
2-羟基-3-甲基丁酸	N/A	富马酸	3 232.827 8
犬尿氨酸	N/A	3-(4-羟基苯基)乳酸	61.607 698 2
肉桂酸	N/A	α-酮戊二酸	31 803.225 2
3-吲哚乙酸	N/A	泛酸	5 327.490 88
苯乙酰甘氨酸	N/A	L-焦谷氨酸	1 208.322 13
3-羟基异戊酸	N/A	水杨酸	11.656 076
5-羟基吲哚-3-乙酸	N/A	辛二酸	165.494 337
乙基丙二酸	N/A	琥珀酸	51 663.275 1
吲哚-3-乙酸	N/A	酒石酸	10 704.357 8
山楂酸	N/A	2-羟基-2-甲基丁酸	1 542.887 31
苯甲酸	N/A	4-氨基丁酸	28 890.574
3-(3-羟基苯基)-3-羟基丙酸	N/A	4-香豆酸	93.729 794 6
3-羟基马尿酸	N/A	对羟基苯甲酸	145.298 522
马尿酸	N/A	咖啡酸	29.158 763 7
乙酰丙酸	N/A	阿魏酸	84.267 517 8
甲基丙二酸	N/A	没食子酸	1 258.869 26
新绿原酸	N/A	丙酮酸	676.256 479
吲哚-2-羧酸	N/A	莽草酸	43 477.634 9
甲基丁二酸	N/A	牛磺酸	15.977 730 9
3,4-二羟基苯乙酸	N/A	DL-3-苯基乳酸	128.694 567
氢化肉桂酸	N/A	3-甲基己二酸	51.619 312 7
鼠尾草酸	N/A	邻羟基苯乙酸	9.116 433 1
柠康酸	N/A	5-羟甲基-2-呋喃甲酸	243.424 842
隐绿原酸	N/A	癸二酸	25.492 513
3-羟基苯乙酸	3 319.111 15	氯氨酮	3.533 394 13
高香草酸	N/A	马来酸	N/A
3-羟基-3-甲基谷氨酸	N/A		

二、糖含量

化合物中文名称	含量（mg/g）	化合物中文名称	含量（mg/g）
苯基-β-D-吡喃葡萄糖苷	N/A	1,5-酐-D-山梨糖醇	0.584 659 147
D-纤维二糖	0.104 752 526	D-甘露糖-6-磷酸钠	0.061 386 169 7
海藻糖	0.008 678 881 8	1,6-脱水-β-D-葡萄糖	0.392 488 475
蔗糖	259.790 093	肌醇	3.862 167 73
麦芽糖	0.095 865 228 1	D-葡萄糖醛酸	0.015 127 886 2
乳糖	N/A	葡萄糖	81.897 008 3
2-脱氧-D-葡萄糖	N/A	D-半乳糖醛酸	1.024 166 75
2-脱氧-D-核糖	N/A	D-半乳糖	0.153 519 568
D-甘露糖	N/A	L-岩藻糖	0.358 740 559
D-核糖	N/A	D-果糖	181.394 801
D-（+）-核糖酸-1,4-内酯	0.007 140 794 51	D-阿拉伯糖	0.024 766 650 3
D-木酮糖	0.010 926 316 8	阿拉伯糖醇	0.018 714 899 5
D-木糖	0.251 537 028	N-乙酰氨基葡萄糖	0.007 708 347 23
木糖醇	0.010 120 647 4	甲基 β-D-吡喃半乳糖苷	0.086 549 092 7
D-山梨醇	0.023 057 184 9	L-鼠李糖	0.026 947 327 1
D-核糖-5-磷酸钡盐	0.035 933 104 5	棉子糖	N/A

三、花青素含量

化合物中文名称	含量（μg/g）	化合物中文名称	含量（μg/g）
矢车菊素-3-O-（6″-O-乙酰）葡萄糖苷	N/A	芍药花素-3-O-（6″-O-乙酰-丙二酰）葡萄糖苷	N/A
矢车菊素-3-O-（6″-对香豆酰）半乳糖苷	N/A	芍药花素-3-O-半乳糖苷	N/A
矢车菊素-3-O-（6″-咖啡酰）鼠李糖苷	N/A	芍药花素-3-O-（乙酰）（丙二酰）半乳糖苷	N/A
矢车菊素-3-O-半乳糖苷	N/A	芍药花素-3-O-（6″-O-乙酰）葡萄糖苷	N/A
矢车菊素-3-O-芸香糖苷	N/A	芍药花素-3-O-葡萄糖苷	N/A
矢车菊素-3-O-葡萄糖苷	N/A	芍药花素-3-O-木糖苷	N/A
飞燕草素-3-O-木糖苷	N/A	矮牵牛素-3-O-阿拉伯糖苷	N/A
飞燕草素-3-O-芸香糖苷	N/A	矮牵牛素-3-O-半乳糖苷	N/A
飞燕草素-3-O-（6″-O-乙酰）半乳糖苷	N/A	原花青素 B4	N/A
飞燕草素-3-O-槐糖苷	N/A	原花青素 B2	N/A
锦葵色素-3-O-木糖苷	N/A	原花青素 B3	0.029 009 387 8
锦葵色素-3-O-鼠李糖苷	N/A	原花青素 B1	0.271 951 02
锦葵色素	N/A	槲皮素-3-O-葡萄糖苷（异槲皮苷）	N/A
锦葵色素-3-O-葡萄糖苷	0.006 469 387 76	柚皮素	N/A
天竺葵素-3-O-半乳糖苷	N/A		

凯　特

一、有机酸含量

化合物中文名称	含量（ng/g）	化合物中文名称	含量（ng/g）
（R）-3-羟基丁酸	4 474.332 1	反式-乌头酸	170 706.946
齐墩果酸	1.729 367 04	L-苹果酸	1 914 560.21
戊二酸	652.362 31	己二酸	49.254 007 4
4-羟基马尿酸	N/A	邻氨基苯甲酸	2.140 998 77
乳酸	N/A	壬二酸	705.002 055
对羟基苯乙酸	N/A	顺式-乌头酸	75 843.094 9
2-羟基-3-甲基丁酸	N/A	富马酸	6 331.237 16
犬尿氨酸	N/A	3-（4-羟基苯基）乳酸	5.158 929 31
肉桂酸	N/A	α-酮戊二酸	19 848.540 9
3-吲哚乙酸	N/A	泛酸	15 100.596
苯乙酰甘氨酸	N/A	L-焦谷氨酸	2 986.539 25
3-羟基异戊酸	N/A	水杨酸	23.055 795 3
5-羟基吲哚-3-乙酸	N/A	辛二酸	58.217 838 1
乙基丙二酸	N/A	琥珀酸	37 536.888 6
吲哚-3-乙酸	N/A	酒石酸	9 589.231 4
山楂酸	N/A	2-羟基-2-甲基丁酸	48.377 825 7
苯甲酸	N/A	4-氨基丁酸	68 607.788 7
3-（3-羟基苯基）-3-羟基丙酸	N/A	4-香豆酸	98.768 187 4
3-羟基马尿酸	N/A	对羟基苯甲酸	154.026 921
马尿酸	N/A	咖啡酸	9.171 064 53
乙酰丙酸	N/A	阿魏酸	54.221 228 9
甲基丙二酸	N/A	没食子酸	268.429 922
新绿原酸	N/A	丙酮酸	1 185.861 08
吲哚-2-羧酸	N/A	莽草酸	16 318.331 3
甲基丁二酸	N/A	牛磺酸	16.665 947 4
3,4-二羟基苯乙酸	N/A	DL-3-苯基乳酸	17.214 036 2
氢化肉桂酸	N/A	3-甲基己二酸	31.504 110 2
鼠尾草酸	N/A	邻羟基苯乙酸	N/A
柠康酸	N/A	5-羟甲基-2-呋喃甲酸	85.299 116 3
隐绿原酸	N/A	癸二酸	477.526 716
3-羟基苯乙酸	7 469.625 98	氯氨酮	N/A
高香草酸	N/A	马来酸	N/A
3-羟基-3-甲基谷氨酸	187.093 095		

二、糖含量

化合物中文名称	含量（mg/g）	化合物中文名称	含量（mg/g）
苯基-β-D-吡喃葡萄糖苷	N/A	1,5-酐-D-山梨糖醇	0.712 908 652
D-纤维二糖	0.133 140 068	D-甘露糖-6-磷酸钠	0.051 759 690 7
海藻糖	0.011 106 002 9	1,6-脱水-β-D-葡萄糖	0.296 073 465
蔗糖	217.952 634	肌醇	3.613 552 44
麦芽糖	0.532 583 857	D-葡萄糖醛酸	0.016 027 839 5
乳糖	N/A	葡萄糖	101.835 476
2-脱氧-D-葡萄糖	N/A	D-半乳糖醛酸	0.028 551 570 8
2-脱氧-D-核糖	N/A	D-半乳糖	0.155 431 609
D-甘露糖	N/A	L-岩藻糖	0.238 499 758
D-核糖	N/A	D-果糖	169.466 409
D-（+）-核糖酸-1,4-内酯	0.007 355 398 74	D-阿拉伯糖	0.017 260 067 7
D-木酮糖	0.004 097 148 38	阿拉伯糖醇	0.015 623 083 6
D-木糖	0.087 631 512 8	N-乙酰氨基葡萄糖	0.009 820 318 99
木糖醇	0.006 672 769 45	甲基β-D-吡喃半乳糖苷	0.046 985 210 2
D-山梨醇	0.018 757 68	L-鼠李糖	0.021 886 515 2
D-核糖-5-磷酸钡盐	0.033 346 930 9	棉子糖	N/A

三、花青素含量

化合物中文名称	含量（μg/g）	化合物中文名称	含量（μg/g）
矢车菊素-3-O-（6″-O-乙酰）葡萄糖苷	N/A	芍药花素-3-O-（6″-O-乙酰-丙二酰）葡萄糖苷	N/A
矢车菊素-3-O-（6″-对香豆酰）半乳糖苷	N/A	芍药花素-3-O-半乳糖苷	0.014 415 495 8
矢车菊素-3-O-（6″-咖啡酰）鼠李糖苷	N/A	芍药花素-3-O-（乙酰）（丙二酰）半乳糖苷	N/A
矢车菊素-3-O-半乳糖苷	N/A	芍药花素-3-O-（6″-O-乙酰）葡萄糖苷	N/A
矢车菊素-3-O-芸香糖苷	N/A	芍药花素-3-O-葡萄糖苷	N/A
矢车菊素-3-O-葡萄糖苷	N/A	芍药花素-3-O-木糖苷	N/A
飞燕草素-3-O-木糖苷	N/A	矮牵牛素-3-O-阿拉伯糖苷	N/A
飞燕草素-3-O-芸香糖苷	N/A	矮牵牛素-3-O-半乳糖苷	N/A
飞燕草素-3-O-（6″-O-乙酰）半乳糖苷	N/A	原花青素 B4	N/A
飞燕草素-3-O-槐糖苷	0.018 852 311 1	原花青素 B2	N/A
锦葵色素-3-O-木糖苷	N/A	原花青素 B3	N/A
锦葵色素-3-O-鼠李糖苷	N/A	原花青素 B1	0.092 200 162 9
锦葵色素	N/A	槲皮素-3-O-葡萄糖苷（异槲皮苷）	N/A
锦葵色素-3-O-葡萄糖苷	0.006 013 561 39	柚皮素	N/A
天竺葵素-3-O-半乳糖苷	N/A		

肯　特

一、有机酸含量

化合物中文名称	含量（ng/g）	化合物中文名称	含量（ng/g）
（R）-3-羟基丁酸	5 450.322 52	反式-乌头酸	90 466.575 4
齐墩果酸	12.431 782 6	L-苹果酸	1 652 599.69
戊二酸	N/A	己二酸	621.525 606
4-羟基马尿酸	N/A	邻氨基苯甲酸	1.802 638 78
乳酸	N/A	壬二酸	1 034.353 01
对羟基苯乙酸	N/A	顺式-乌头酸	105 693.901
2-羟基-3-甲基丁酸	N/A	富马酸	3 372.488 27
犬尿氨酸	N/A	3-（4-羟基苯基）乳酸	12.490 910 9
肉桂酸	N/A	α-酮戊二酸	18 290.852 2
3-吲哚乙酸	N/A	泛酸	10 106.333 1
苯乙酰甘氨酸	N/A	L-焦谷氨酸	1 476.016 42
3-羟基异戊酸	N/A	水杨酸	28.955 629 4
5-羟基吲哚-3-乙酸	N/A	辛二酸	80.001 954 7
乙基丙二酸	N/A	琥珀酸	31 507.916 3
吲哚-3-乙酸	N/A	酒石酸	9 178.997 26
山楂酸	N/A	2-羟基-2-甲基丁酸	59.857 408 1
苯甲酸	N/A	4-氨基丁酸	94 297.595 8
3-（3-羟基苯基）-3-羟基丙酸	N/A	4-香豆酸	422.768 765
3-羟基马尿酸	N/A	对羟基苯甲酸	76.359 851 4
马尿酸	N/A	咖啡酸	155.764 269
乙酰丙酸	N/A	阿魏酸	77.949 667 7
甲基丙二酸	N/A	没食子酸	1 182.202 89
新绿原酸	N/A	丙酮酸	770.084 05
吲哚-2-羧酸	N/A	莽草酸	8 620.689 99
甲基丁二酸	N/A	牛磺酸	32.071 638
3,4-二羟基苯乙酸	N/A	DL-3-苯基乳酸	19.544 468 3
氢化肉桂酸	N/A	3-甲基己二酸	25.772 674
鼠尾草酸	N/A	邻羟基苯乙酸	N/A
柠康酸	N/A	5-羟甲基-2-呋喃甲酸	390.742 768
隐绿原酸	N/A	癸二酸	429.257 232
3-羟基苯乙酸	2 382.388 58	氯氨酮	22.112 978 9
高香草酸	N/A	马来酸	N/A
3-羟基-3-甲基谷氨酸	714.525 997		

二、糖含量

化合物中文名称	含量（mg/g）	化合物中文名称	含量（mg/g）
苯基-β-D-吡喃葡萄糖苷	N/A	1,5-酐-D-山梨糖醇	0.302 050 772
D-纤维二糖	0.143 287 407	D-甘露糖-6-磷酸钠	0.051 733 797 9
海藻糖	0.012 887 227 5	1,6-脱水-β-D-葡萄糖	0.387 534 097
蔗糖	309.570 931	肌醇	4.060 467 89
麦芽糖	0.195 003 683	D-葡萄糖醛酸	0.016 064 927 8
乳糖	N/A	葡萄糖	72.073 270 3
2-脱氧-D-葡萄糖	N/A	D-半乳糖醛酸	0.068 328 720 8
2-脱氧-D-核糖	N/A	D-半乳糖	0.210 646 093
D-甘露糖	N/A	L-岩藻糖	0.294 622 2
D-核糖	N/A	D-果糖	168.730 712
D-(+)-核糖酸-1,4-内酯	0.007 326 669 99	D-阿拉伯糖	0.028 523 046 3
D-木酮糖	0.004 427 297 16	阿拉伯糖醇	0.014 783 474 4
D-木糖	0.127 241 613	N-乙酰氨基葡萄糖	0.011 144 907 9
木糖醇	0.008 612 822 3	甲基β-D-吡喃半乳糖苷	0.041 379 591 8
D-山梨醇	0.023 738 775 5	L-鼠李糖	0.029 309 109
D-核糖-5-磷酸钡盐	0.060 332 105 5	棉子糖	N/A

三、花青素含量

化合物中文名称	含量（μg/g）	化合物中文名称	含量（μg/g）
矢车菊素-3-O-(6″-O-乙酰)葡萄糖苷	N/A	芍药花素-3-O-(6″-O-乙酰-丙二酰)葡萄糖苷	N/A
矢车菊素-3-O-(6″-对香豆酰)半乳糖苷	N/A	芍药花素-3-O-半乳糖苷	0.015 344 170 2
矢车菊素-3-O-(6″-咖啡酰)鼠李糖苷	N/A	芍药花素-3-O-(乙酰)(丙二酰)半乳糖苷	N/A
矢车菊素-3-O-半乳糖苷	0.004 204 916 72	芍药花素-3-O-(6″-O-乙酰)葡萄糖苷	N/A
矢车菊素-3-O-芸香糖苷	N/A	芍药花素-3-O-葡萄糖苷	N/A
矢车菊素-3-O-葡萄糖苷	N/A	芍药花素-3-O-木糖苷	0.004 926 168 97
飞燕草素-3-O-木糖苷	N/A	矮牵牛素-3-O-阿拉伯糖苷	N/A
飞燕草素-3-O-芸香糖苷	N/A	矮牵牛素-3-O-半乳糖苷	N/A
飞燕草素-3-O-(6″-O-乙酰)半乳糖苷	N/A	原花青素B4	N/A
飞燕草素-3-O-槐糖苷	0.010 255 649 2	原花青素B2	0.021 847 481 4
锦葵色素-3-O-木糖苷	N/A	原花青素B3	0.096 893 839 1
锦葵色素-3-O-鼠李糖苷	N/A	原花青素B1	1.011 753 96
锦葵色素	N/A	槲皮素-3-O-葡萄糖苷（异槲皮苷）	N/A
锦葵色素-3-O-葡萄糖苷	N/A	柚皮素	0.006 768 994 58
天竺葵素-3-O-半乳糖苷	N/A		

镰刀芒

一、有机酸含量

化合物中文名称	含量（ng/g）	化合物中文名称	含量（ng/g）
（R）-3-羟基丁酸	7 013.367 98	反式-乌头酸	130 261.954
齐墩果酸	3.933 690 23	L-苹果酸	1 753 929.31
戊二酸	870.267 152	己二酸	306.352 391
4-羟基马尿酸	3.654 002 08	邻氨基苯甲酸	1.146 081 08
乳酸	N/A	壬二酸	3 964.802 49
对羟基苯乙酸	N/A	顺式-乌头酸	116 222.453
2-羟基-3-甲基丁酸	N/A	富马酸	6 468.056 13
犬尿氨酸	N/A	3-（4-羟基苯基）乳酸	5.221 237 01
肉桂酸	N/A	α-酮戊二酸	116 134.096
3-吲哚乙酸	N/A	泛酸	12 991.372 1
苯乙酰甘氨酸	N/A	L-焦谷氨酸	7 580.602 91
3-羟基异戊酸	N/A	水杨酸	67.384 199 6
5-羟基吲哚-3-乙酸	N/A	辛二酸	1 125.675 68
乙基丙二酸	N/A	琥珀酸	55 443.139 3
吲哚-3-乙酸	N/A	酒石酸	9 326.351 35
山楂酸	N/A	2-羟基-2-甲基丁酸	7 278.045 74
苯甲酸	N/A	4-氨基丁酸	38 290.020 8
3-（3-羟基苯基）-3-羟基丙酸	N/A	4-香豆酸	260.778 586
3-羟基马尿酸	N/A	对羟基苯甲酸	239.176 715
马尿酸	N/A	咖啡酸	134.733 888
乙酰丙酸	N/A	阿魏酸	121.098 753
甲基丙二酸	N/A	没食子酸	2 733.243 24
新绿原酸	N/A	丙酮酸	1 003.643 45
吲哚-2-羧酸	N/A	莽草酸	62 356.756 8
甲基丁二酸	N/A	牛磺酸	15.039 708 9
3,4-二羟基苯乙酸	N/A	DL-3-苯基乳酸	110.915 8
氢化肉桂酸	N/A	3-甲基己二酸	130.681 913
鼠尾草酸	N/A	邻羟基苯乙酸	10.850 207 9
柠康酸	N/A	5-羟甲基-2-呋喃甲酸	40.711 538 5
隐绿原酸	N/A	癸二酸	91.985 758 8
3-羟基苯乙酸	N/A	氯氨酮	33.916 216 2
高香草酸	N/A	马来酸	N/A
3-羟基-3-甲基谷氨酸	295.134 096		

二、糖含量

化合物中文名称	含量（mg/g）	化合物中文名称	含量（mg/g）
苯基-β-D-吡喃葡萄糖苷	N/A	1,5-酐-D-山梨糖醇	0.712 227 141
D-纤维二糖	0.065 312 223 3	D-甘露糖-6-磷酸钠	0.065 892 974
海藻糖	0.008 930 664 1	1,6-脱水-β-D-葡萄糖	0.234 100 096
蔗糖	252.155 919	肌醇	5.575 553 42
麦芽糖	0.053 762 078 9	D-葡萄糖醛酸	0.020 874 302 2
乳糖	N/A	葡萄糖	110.562 079
2-脱氧-D-葡萄糖	N/A	D-半乳糖醛酸	0.046 070 452 4
2-脱氧-D-核糖	N/A	D-半乳糖	0.225 869 105
D-甘露糖	N/A	L-岩藻糖	0.221 391 723
D-核糖	N/A	D-果糖	132.082 387
D-(+)-核糖酸-1,4-内酯	0.008 414 128 97	D-阿拉伯糖	0.025 167 468 7
D-木酮糖	0.006 368 854 67	阿拉伯糖醇	0.017 951 607 3
D-木糖	0.087 449 085 7	N-乙酰氨基葡萄糖	0.007 240 346 49
木糖醇	0.007 307 795 96	甲基β-D-吡喃半乳糖苷	0.045 962 078 9
D-山梨醇	0.018 261 693 9	L-鼠李糖	0.060 890 086 6
D-核糖-5-磷酸钡盐	0.066 246 968 2	棉子糖	N/A

三、花青素含量

化合物中文名称	含量（μg/g）	化合物中文名称	含量（μg/g）
矢车菊素-3-O-(6″-O-乙酰)葡萄糖苷	N/A	芍药花素-3-O-(6″-O-乙酰-丙二酰)葡萄糖苷	N/A
矢车菊素-3-O-(6″-对香豆酰)半乳糖苷	N/A	芍药花素-3-O-半乳糖苷	N/A
矢车菊素-3-O-(6″-咖啡酰)鼠李糖苷	N/A	芍药花素-3-O-(乙酰)(丙二酰)半乳糖苷	N/A
矢车菊素-3-O-半乳糖苷	0.005 573 896 31	芍药花素-3-O-(6″-O-乙酰)葡萄糖苷	N/A
矢车菊素-3-O-芸香糖苷	N/A	芍药花素-3-O-葡萄糖苷	N/A
矢车菊素-3-O-葡萄糖苷	N/A	芍药花素-3-O-木糖苷	N/A
飞燕草素-3-O-木糖苷	N/A	矮牵牛素-3-O-阿拉伯糖苷	N/A
飞燕草素-3-O-芸香糖苷	0.008 043 965 17	矮牵牛素-3-O-半乳糖苷	N/A
飞燕草素-3-O-(6″-O-乙酰)半乳糖苷	N/A	原花青素 B4	N/A
飞燕草素-3-O-槐糖苷	N/A	原花青素 B2	0.021 293 641 2
锦葵色素-3-O-木糖苷	0.016 280 275 4	原花青素 B3	N/A
锦葵色素-3-O-鼠李糖苷	N/A	原花青素 B1	0.166 891 252
锦葵色素	N/A	槲皮素-3-O-葡萄糖苷（异槲皮苷）	N/A
锦葵色素-3-O-葡萄糖苷	0.004 532 563 79	柚皮素	N/A
天竺葵素-3-O-半乳糖苷	N/A		

留香芒

一、有机酸含量

化合物中文名称	含量（ng/g）	化合物中文名称	含量（ng/g）
（R）-3-羟基丁酸	30 893.632 3	反式-乌头酸	N/A
齐墩果酸	3.503 235 05	L-苹果酸	883 120.393
戊二酸	1 915.182 23	己二酸	2 855.169 94
4-羟基马尿酸	N/A	邻氨基苯甲酸	2.056 255 12
乳酸	N/A	壬二酸	2 409.377 56
对羟基苯乙酸	N/A	顺式-乌头酸	593 479.73
2-羟基-3-甲基丁酸	N/A	富马酸	13 813.063 1
犬尿氨酸	N/A	3-(4-羟基苯基)乳酸	12.916 564 3
肉桂酸	25.906 326 8	α-酮戊二酸	21 751.638
3-吲哚乙酸	N/A	泛酸	14 019.860 8
苯乙酰甘氨酸	N/A	L-焦谷氨酸	1 580.907 04
3-羟基异戊酸	358.053 849	水杨酸	39.427 006 6
5-羟基吲哚-3-乙酸	N/A	辛二酸	991.750 614
乙基丙二酸	N/A	琥珀酸	56 160.626 5
吲哚-3-乙酸	N/A	酒石酸	10 445.331 7
山楂酸	N/A	2-羟基-2-甲基丁酸	581.974 816
苯甲酸	N/A	4-氨基丁酸	151 045.25
3-(3-羟基苯基)-3-羟基丙酸	N/A	4-香豆酸	728.030 303
3-羟基马尿酸	N/A	对羟基苯甲酸	1 752.078 21
马尿酸	N/A	咖啡酸	512.002 457
乙酰丙酸	N/A	阿魏酸	454.026 413
甲基丙二酸	N/A	没食子酸	5 393.181 82
新绿原酸	N/A	丙酮酸	365.242 629
吲哚-2-羧酸	N/A	莽草酸	24 903.255 5
甲基丁二酸	N/A	牛磺酸	67.5124 898
3,4-二羟基苯乙酸	N/A	DL-3-苯基乳酸	4.297 338 25
氢化肉桂酸	N/A	3-甲基己二酸	161.495 7
鼠尾草酸	N/A	邻羟基苯乙酸	5.774 754 3
柠康酸	N/A	5-羟甲基-2-呋喃甲酸	18.648 853 4
隐绿原酸	N/A	癸二酸	237.628 993
3-羟基苯乙酸	1 941.144 55	氯氨酮	16.086 507
高香草酸	N/A	马来酸	N/A
3-羟基-3-甲基谷氨酸	297.295 25		

二、糖含量

化合物中文名称	含量（mg/g）	化合物中文名称	含量（mg/g）
苯基-β-D-吡喃葡萄糖苷	N/A	1,5-酐-D-山梨糖醇	0.297 674 987
D-纤维二糖	0.149 495 262	D-甘露糖-6-磷酸钠	0.067 137 646 5
海藻糖	0.011 048 741 7	1,6-脱水-β-D-葡萄糖	0.384 028 528
蔗糖	295.464 086	肌醇	3.345 491 59
麦芽糖	0.121 735 914	D-葡萄糖醛酸	0.027 323 688 2
乳糖	N/A	葡萄糖	59.614 671 4
2-脱氧-D-葡萄糖	N/A	D-半乳糖醛酸	0.101 789 302
2-脱氧-D-核糖	N/A	D-半乳糖	0.180 223 535
D-甘露糖	N/A	L-岩藻糖	0.233 320 428
D-核糖	0.003 821 273 56	D-果糖	144.136 933
D-(+)-核糖酸-1,4-内酯	0.006 163 627 1	D-阿拉伯糖	0.031 096 688 7
D-木酮糖	0.013 389 016 8	阿拉伯糖醇	0.023 118 695 9
D-木糖	0.336 266 938	N-乙酰氨基葡萄糖	0.012 162 486
木糖醇	0.016 246 316 9	甲基 β-D-吡喃半乳糖苷	0.048 975 649 5
D-山梨醇	0.128 416 302	L-鼠李糖	0.033 306 775 3
D-核糖-5-磷酸钡盐	0.077 421 090 2	棉子糖	N/A

三、花青素含量

化合物中文名称	含量（µg/g）	化合物中文名称	含量（µg/g）
矢车菊素-3-O-(6″-O-乙酰)葡萄糖苷	N/A	芍药花素-3-O-(6″-O-乙酰-丙二酰)葡萄糖苷	N/A
矢车菊素-3-O-(6″-对香豆酰)半乳糖苷	0.002 093 087 46	芍药花素-3-O-半乳糖苷	N/A
矢车菊素-3-O-(6″-咖啡酰)鼠李糖苷	N/A	芍药花素-3-O-(乙酰)(丙二酰)半乳糖苷	N/A
矢车菊素-3-O-半乳糖苷	0.002 504 534 46	芍药花素-3-O-(6″-O-乙酰)葡萄糖苷	N/A
矢车菊素-3-O-芸香糖苷	N/A	芍药花素-3-O-葡萄糖苷	N/A
矢车菊素-3-O-葡萄糖苷	N/A	芍药花素-3-O-木糖苷	N/A
飞燕草素-3-O-木糖苷	N/A	矮牵牛素-3-O-阿拉伯糖苷	N/A
飞燕草素-3-O-芸香糖苷	0.006 502 095 93	矮牵牛素-3-O-半乳糖苷	N/A
飞燕草素-3-O-(6″-O-乙酰)半乳糖苷	N/A	原花青素 B4	N/A
飞燕草素-3-O-槐糖苷	N/A	原花青素 B2	N/A
锦葵色素-3-O-木糖苷	N/A	原花青素 B3	0.016 187 968 6
锦葵色素-3-O-鼠李糖苷	N/A	原花青素 B1	0.094 993 349 5
锦葵色素	N/A	槲皮素-3-O-葡萄糖苷（异槲皮苷）	N/A
锦葵色素-3-O-葡萄糖苷	0.007 182 164 45	柚皮素	0.022 120 515 9
天竺葵素-3-O-半乳糖苷	N/A		

龙 井

一、有机酸含量

化合物中文名称	含量（ng/g）	化合物中文名称	含量（ng/g）
（R）-3-羟基丁酸	3 420.565 45	反式-乌头酸	94 488.477 9
齐墩果酸	N/A	L-苹果酸	1 231 003.1
戊二酸	N/A	己二酸	44.265 201 4
4-羟基马尿酸	N/A	邻氨基苯甲酸	2.011 957 78
乳酸	N/A	壬二酸	741.119 287
对羟基苯乙酸	N/A	顺式-乌头酸	71 898.818 7
2-羟基-3-甲基丁酸	N/A	富马酸	3 452.536 79
犬尿氨酸	N/A	3-（4-羟基苯基）乳酸	5.458 181 64
肉桂酸	N/A	α-酮戊二酸	16 678.253 3
3-吲哚乙酸	N/A	泛酸	9 649.738 57
苯乙酰甘氨酸	N/A	L-焦谷氨酸	6 150.948 88
3-羟基异戊酸	N/A	水杨酸	33.031 758 3
5-羟基吲哚-3-乙酸	14.904 240 9	辛二酸	172.278 273
乙基丙二酸	N/A	琥珀酸	41 563.710 3
吲哚-3-乙酸	N/A	酒石酸	8 825.881 1
山楂酸	N/A	2-羟基-2-甲基丁酸	70.054 318 4
苯甲酸	N/A	4-氨基丁酸	77 399.206
3-（3-羟基苯基）-3-羟基丙酸	N/A	4-香豆酸	221.554 996
3-羟基马尿酸	N/A	对羟基苯甲酸	61.660 728 1
马尿酸	N/A	咖啡酸	30.998 644 5
乙酰丙酸	N/A	阿魏酸	89.672 443 8
甲基丙二酸	N/A	没食子酸	289.200 232
新绿原酸	N/A	丙酮酸	670.174 284
吲哚-2-羧酸	N/A	莽草酸	49 401.239 3
甲基丁二酸	N/A	牛磺酸	24.066 808 7
3,4-二羟基苯乙酸	N/A	DL-3-苯基乳酸	44.138 168 1
氢化肉桂酸	N/A	3-甲基己二酸	12.719 597 2
鼠尾草酸	N/A	邻羟基苯乙酸	3.568 609 6
柠康酸	N/A	5-羟甲基-2-呋喃甲酸	48.397 753 7
隐绿原酸	N/A	癸二酸	483.626 065
3-羟基苯乙酸	5 477.168 86	氯氨酮	52.309 353 2
高香草酸	N/A	马来酸	N/A
3-羟基-3-甲基谷氨酸	126.888 071		

二、糖含量

化合物中文名称	含量（mg/g）	化合物中文名称	含量（mg/g）
苯基-β-D-吡喃葡萄糖苷	N/A	1,5-酐-D-山梨糖醇	0.719 257 85
D-纤维二糖	0.121 227 783	D-甘露糖-6-磷酸钠	0.064 669 267 4
海藻糖	0.012 753 568	1,6-脱水-β-D-葡萄糖	0.281 075 167
蔗糖	221.021 884	肌醇	5.175 033 3
麦芽糖	0.371 564 225	D-葡萄糖醛酸	0.024 338 154 1
乳糖	N/A	葡萄糖	120.949 001
2-脱氧-D-葡萄糖	N/A	D-半乳糖醛酸	0.044 311 322 5
2-脱氧-D-核糖	N/A	D-半乳糖	0.200 367 269
D-甘露糖	N/A	L-岩藻糖	0.270 418 649
D-核糖	N/A	D-果糖	175.093 054
D-(+)-核糖酸-1,4-内酯	0.007 612 578 5	D-阿拉伯糖	0.019 772 787 8
D-木酮糖	0.002 216 803 04	阿拉伯糖醇	0.019 193 339 7
D-木糖	0.083 863 558 5	N-乙酰氨基葡萄糖	0.011 722 626 1
木糖醇	0.006 358 744 05	甲基β-D-吡喃半乳糖苷	0.054 310 942
D-山梨醇	0.020 260 133 2	L-鼠李糖	0.024 968 791 6
D-核糖-5-磷酸钡盐	0.077 723 691 7	棉子糖	N/A

三、花青素含量

化合物中文名称	含量（μg/g）	化合物中文名称	含量（μg/g）
矢车菊素-3-O-(6″-O-乙酰)葡萄糖苷	N/A	芍药花素-3-O-(6″-O-乙酰-丙二酰)葡萄糖苷	N/A
矢车菊素-3-O-(6″-对香豆酰)半乳糖苷	N/A	芍药花素-3-O-半乳糖苷	N/A
矢车菊素-3-O-(6″-咖啡酰)鼠李糖苷	N/A	芍药花素-3-O-(乙酰)(丙二酰)半乳糖苷	N/A
矢车菊素-3-O-半乳糖苷	N/A	芍药花素-3-O-(6″-O-乙酰)葡萄糖苷	N/A
矢车菊素-3-O-芸香糖苷	N/A	芍药花素-3-O-葡萄糖苷	N/A
矢车菊素-3-O-葡萄糖苷	N/A	芍药花素-3-O-木糖苷	0.005 490 977 29
飞燕草素-3-O-木糖苷	N/A	矮牵牛素-3-O-阿拉伯糖苷	N/A
飞燕草素-3-O-芸香糖苷	N/A	矮牵牛素-3-O-半乳糖苷	N/A
飞燕草素-3-O-(6″-O-乙酰)半乳糖苷	N/A	原花青素 B4	N/A
飞燕草素-3-O-槐糖苷	0.012 941 950 5	原花青素 B2	0.092 256 285 5
锦葵色素-3-O-木糖苷	N/A	原花青素 B3	0.043 632 197 9
锦葵色素-3-O-鼠李糖苷	N/A	原花青素 B1	0.805 948 905
锦葵色素	0.015 439 456 6	槲皮素-3-O-葡萄糖苷（异槲皮苷）	N/A
锦葵色素-3-O-葡萄糖苷	0.005 276 277 37	柚皮素	0.008 220 660 99
天竺葵素-3-O-半乳糖苷	N/A		

龙 芒

一、有机酸含量

化合物中文名称	含量（ng/g）	化合物中文名称	含量（ng/g）
（R）-3-羟基丁酸	2 433.087 63	反式-乌头酸	88 983.415 2
齐墩果酸	3.454 279 28	L-苹果酸	910 319.41
戊二酸	N/A	己二酸	326.549 959
4-羟基马尿酸	3.524 498 36	邻氨基苯甲酸	1.329 463 55
乳酸	N/A	壬二酸	863.002 662
对羟基苯乙酸	N/A	顺式-乌头酸	107 330.057
2-羟基-3-甲基丁酸	N/A	富马酸	1 497.266 58
犬尿氨酸	N/A	3-（4-羟基苯基）乳酸	31.309 991 8
肉桂酸	N/A	α-酮戊二酸	58 532.555 3
3-吲哚乙酸	N/A	泛酸	9 257.176 49
苯乙酰甘氨酸	N/A	L-焦谷氨酸	9 474.969 29
3-羟基异戊酸	N/A	水杨酸	64.316 339 1
5-羟基吲哚-3-乙酸	N/A	辛二酸	250.168 919
乙基丙二酸	N/A	琥珀酸	39 370.905
吲哚-3-乙酸	N/A	酒石酸	10 837.428 3
山楂酸	13.809 070 4	2-羟基-2-甲基丁酸	995.371 622
苯甲酸	N/A	4-氨基丁酸	146 423.014
3-（3-羟基苯基）-3-羟基丙酸	N/A	4-香豆酸	110.828 215
3-羟基马尿酸	N/A	对羟基苯甲酸	146.042 179
马尿酸	N/A	咖啡酸	28.671 887 8
乙酰丙酸	N/A	阿魏酸	41.380 733
甲基丙二酸	N/A	没食子酸	119.502 457
新绿原酸	N/A	丙酮酸	913.139 844
吲哚-2-羧酸	N/A	莽草酸	50 368.448
甲基丁二酸	N/A	牛磺酸	14.525 696 2
3,4-二羟基苯乙酸	N/A	DL-3-苯基乳酸	26.007 985 3
氢化肉桂酸	N/A	3-甲基己二酸	52.658 271 9
鼠尾草酸	N/A	邻羟基苯乙酸	2.491 717 85
柠康酸	N/A	5-羟甲基-2-呋喃甲酸	205.019 451
隐绿原酸	N/A	癸二酸	130.135 135
3-羟基苯乙酸	1 898.259 62	氯氨酮	2.424 498 36
高香草酸	N/A	马来酸	N/A
3-羟基-3-甲基谷氨酸	152.832 719		

二、糖含量

化合物中文名称	含量（mg/g）	化合物中文名称	含量（mg/g）
苯基-β-D-吡喃葡萄糖苷	N/A	1,5-酐-D-山梨糖醇	0.635 581 278
D-纤维二糖	0.086 870 458	D-甘露糖-6-磷酸钠	0.064 436 436 8
海藻糖	0.009 108 384 5	1,6-脱水-β-D-葡萄糖	0.326 115 752
蔗糖	247.991 948	肌醇	3.666 995 47
麦芽糖	0.169 942 224	D-葡萄糖醛酸	0.018 982 929
乳糖	N/A	葡萄糖	84.437 846
2-脱氧-D-葡萄糖	N/A	D-半乳糖醛酸	0.145 214 293
2-脱氧-D-核糖	N/A	D-半乳糖	0.114 019 527
D-甘露糖	N/A	L-岩藻糖	0.238 145 949
D-核糖	N/A	D-果糖	129.495 32
D-（+）-核糖酸-1,4-内酯	0.006 744 318 07	D-阿拉伯糖	0.018 951 585 3
D-木酮糖	0.005 623 955 71	阿拉伯糖醇	0.019 062 264 7
D-木糖	0.145 025 667	N-乙酰氨基葡萄糖	0.010 779 164 6
木糖醇	0.007 433 960 74	甲基β-D-吡喃半乳糖苷	0.043 376 950 2
D-山梨醇	0.024 217 815 8	L-鼠李糖	0.022 160 845 5
D-核糖-5-磷酸钡盐	0.059 915 249 1	棉子糖	N/A

三、花青素含量

化合物中文名称	含量（μg/g）	化合物中文名称	含量（μg/g）
矢车菊素-3-O-（6″-O-乙酰）葡萄糖苷	N/A	芍药花素-3-O-（6″-O-乙酰-丙二酰）葡萄糖苷	N/A
矢车菊素-3-O-（6″-对香豆酰）半乳糖苷	N/A	芍药花素-3-O-半乳糖苷	N/A
矢车菊素-3-O-（6″-咖啡酰）鼠李糖苷	N/A	芍药花素-3-O-（乙酰）（丙二酰）半乳糖苷	N/A
矢车菊素-3-O-半乳糖苷	0.018 559 048 7	芍药花素-3-O-（6″-O-乙酰）葡萄糖苷	N/A
矢车菊素-3-O-芸香糖苷	N/A	芍药花素-3-O-葡萄糖苷	N/A
矢车菊素-3-O-葡萄糖苷	N/A	芍药花素-3-O-木糖苷	N/A
飞燕草素-3-O-木糖苷	N/A	矮牵牛素-3-O-阿拉伯糖苷	N/A
飞燕草素-3-O-芸香糖苷	N/A	矮牵牛素-3-O-半乳糖苷	N/A
飞燕草素-3-O-（6″-O-乙酰）半乳糖苷	N/A	原花青素 B4	N/A
飞燕草素-3-O-槐糖苷	N/A	原花青素 B2	0.024 785 869 4
锦葵色素-3-O-木糖苷	N/A	原花青素 B3	0.031 113 084 7
锦葵色素-3-O-鼠李糖苷	N/A	原花青素 B1	0.574 347 74
锦葵色素	N/A	槲皮素-3-O-葡萄糖苷（异槲皮苷）	N/A
锦葵色素-3-O-葡萄糖苷	0.005 522 498 52	柚皮素	N/A
天竺葵素-3-O-半乳糖苷	0.004 736 530 49		

吕　宋

一、有机酸含量

化合物中文名称	含量（ng/g）	化合物中文名称	含量（ng/g）
（R）-3-羟基丁酸	15 422.965 1	反式-乌头酸	86 901.259 7
齐墩果酸	N/A	L-苹果酸	1 816 802.33
戊二酸	1 997.470 93	己二酸	280.896 318
4-羟基马尿酸	N/A	邻氨基苯甲酸	2.926 928 29
乳酸	N/A	壬二酸	2 103.914 73
对羟基苯乙酸	N/A	顺式-乌头酸	168 790.698
2-羟基-3-甲基丁酸	20.110 562	富马酸	4 681.094 96
犬尿氨酸	N/A	3-（4-羟基苯基）乳酸	436.277 132
肉桂酸	65.995 736 4	α-酮戊二酸	21 483.720 9
3-吲哚乙酸	N/A	泛酸	7 403.788 76
苯乙酰甘氨酸	N/A	L-焦谷氨酸	3 801.472 87
3-羟基异戊酸	N/A	水杨酸	59.329 554 3
5-羟基吲哚-3-乙酸	N/A	辛二酸	426.492 248
乙基丙二酸	N/A	琥珀酸	93 679.166 7
吲哚-3-乙酸	N/A	酒石酸	8 720.348 84
山楂酸	N/A	2-羟基-2-甲基丁酸	121.935 078
苯甲酸	N/A	4-氨基丁酸	58 445.445 7
3-（3-羟基苯基）-3-羟基丙酸	N/A	4-香豆酸	188.286 822
3-羟基马尿酸	N/A	对羟基苯甲酸	451.480 62
马尿酸	N/A	咖啡酸	129.999 031
乙酰丙酸	N/A	阿魏酸	60.096 705 4
甲基丙二酸	N/A	没食子酸	2 105.038 76
新绿原酸	N/A	丙酮酸	903.765 504
吲哚-2-羧酸	N/A	莽草酸	14 627.422 5
甲基丁二酸	N/A	牛磺酸	16.903 682 2
3,4-二羟基苯乙酸	N/A	DL-3-苯基乳酸	911.629 845
氢化肉桂酸	N/A	3-甲基己二酸	28.792 926 4
鼠尾草酸	N/A	邻羟基苯乙酸	10.441 957 4
柠康酸	N/A	5-羟甲基-2-呋喃甲酸	81.313 372 1
隐绿原酸	N/A	癸二酸	256.029 07
3-羟基苯乙酸	3 487.926 36	氯氨酮	44.634 011 6
高香草酸	N/A	马来酸	N/A
3-羟基-3-甲基谷氨酸	505.686 047		

二、糖含量

化合物中文名称	含量（mg/g）	化合物中文名称	含量（mg/g）
苯基-β-D-吡喃葡萄糖苷	N/A	1,5-酐-D-山梨糖醇	1.037 993 3
D-纤维二糖	0.100 209 861	D-甘露糖-6-磷酸钠	0.055 969 937 8
海藻糖	0.008 745 351 84	1,6-脱水-β-D-葡萄糖	0.364 042 125
蔗糖	308.449 976	肌醇	2.308 549 55
麦芽糖	0.257 459 071	D-葡萄糖醛酸	0.016 819 798 9
乳糖	N/A	葡萄糖	61.058 113 9
2-脱氧-D-葡萄糖	N/A	D-半乳糖醛酸	0.020 722 450 9
2-脱氧-D-核糖	N/A	D-半乳糖	0.106 258 114
D-甘露糖	N/A	L-岩藻糖	0.190 895 165
D-核糖	N/A	D-果糖	108.153 949
D-(+)-核糖酸-1,4-内酯	0.006 238 104 36	D-阿拉伯糖	0.028 966 778 4
D-木酮糖	0.003 814 820 49	阿拉伯糖醇	0.017 695 663
D-木糖	0.080 945 141 2	N-乙酰氨基葡萄糖	0.010 647 735 8
木糖醇	0.009 193 068 45	甲基β-D-吡喃半乳糖苷	0.039 540 067
D-山梨醇	0.034 497 271 4	L-鼠李糖	0.034 877 740 5
D-核糖-5-磷酸钡盐	0.049 899 473 4	棉子糖	N/A

三、花青素含量

化合物中文名称	含量（μg/g）	化合物中文名称	含量（μg/g）
矢车菊素-3-O-(6″-O-乙酰)葡萄糖苷	N/A	芍药花素-3-O-(6″-O-乙酰-丙二酰)葡萄糖苷	N/A
矢车菊素-3-O-(6″-对香豆酰)半乳糖苷	N/A	芍药花素-3-O-半乳糖苷	N/A
矢车菊素-3-O-(6″-咖啡酰)鼠李糖苷	N/A	芍药花素-3-O-(乙酰)(丙二酰)半乳糖苷	N/A
矢车菊素-3-O-半乳糖苷	N/A	芍药花素-3-O-(6″-O-乙酰)葡萄糖苷	N/A
矢车菊素-3-O-芸香糖苷	N/A	芍药花素-3-O-葡萄糖苷	N/A
矢车菊素-3-O-葡萄糖苷	N/A	芍药花素-3-O-木糖苷	N/A
飞燕草素-3-O-木糖苷	0.024 629 555 9	矮牵牛素-3-O-阿拉伯糖苷	N/A
飞燕草素-3-O-芸香糖苷	N/A	矮牵牛素-3-O-半乳糖苷	N/A
飞燕草素-3-O-(6″-O-乙酰)半乳糖苷	N/A	原花青素 B4	N/A
飞燕草素-3-O-槐糖苷	N/A	原花青素 B2	N/A
锦葵色素-3-O-木糖苷	N/A	原花青素 B3	0.028 852 021 5
锦葵色素-3-O-鼠李糖苷	N/A	原花青素 B1	0.270 314 678
锦葵色素	N/A	槲皮素-3-O-葡萄糖苷（异槲皮苷）	N/A
锦葵色素-3-O-葡萄糖苷	N/A	柚皮素	0.008 580 701 06
天竺葵素-3-O-半乳糖苷	N/A		

龙眼香芒

一、有机酸含量

化合物中文名称	含量（ng/g）	化合物中文名称	含量（ng/g）
（R）-3-羟基丁酸	2 923.723 78	反式-乌头酸	125 475.861
齐墩果酸	9.570 864 66	L-苹果酸	1 838 138.11
戊二酸	3 075.504 55	己二酸	159.465 77
4-羟基马尿酸	N/A	邻氨基苯甲酸	1.688 029 28
乳酸	3 038.108 43	壬二酸	1 475.415 51
对羟基苯乙酸	N/A	顺式-乌头酸	124 709.141
2-羟基-3-甲基丁酸	N/A	富马酸	3 982.311 04
犬尿氨酸	10.045 112 8	3-（4-羟基苯基）乳酸	3.503 314 21
肉桂酸	N/A	α-酮戊二酸	25 458.053
3-吲哚乙酸	N/A	泛酸	9 534.339 14
苯乙酰甘氨酸	14.145 132 6	L-焦谷氨酸	4 171.527 5
3-羟基异戊酸	N/A	水杨酸	29.136 327 7
5-羟基吲哚-3-乙酸	N/A	辛二酸	345.632 173
乙基丙二酸	N/A	琥珀酸	52 289.869 4
吲哚-3-乙酸	N/A	酒石酸	9 138.454 69
山楂酸	N/A	2-羟基-2-甲基丁酸	414.723 981
苯甲酸	N/A	4-氨基丁酸	64 265.334 4
3-（3-羟基苯基）-3-羟基丙酸	N/A	4-香豆酸	62.950 336 4
3-羟基马尿酸	N/A	对羟基苯甲酸	205.727 147
马尿酸	N/A	咖啡酸	113.057 974
乙酰丙酸	N/A	阿魏酸	89.313 217 3
甲基丙二酸	N/A	没食子酸	1 597.863 08
新绿原酸	N/A	丙酮酸	1 413.217 25
吲哚-2-羧酸	N/A	莽草酸	5 528.462 6
甲基丁二酸	N/A	牛磺酸	37.237 732 5
3,4-二羟基苯乙酸	N/A	DL-3-苯基乳酸	96.507 419 9
氢化肉桂酸	N/A	3-甲基己二酸	35.046 3
鼠尾草酸	N/A	邻羟基苯乙酸	5.537 801 74
柠康酸	N/A	5-羟甲基-2-呋喃甲酸	135.314 602
隐绿原酸	N/A	癸二酸	31.965 967 6
3-羟基苯乙酸	2 414.107 64	氯氨酮	10.392 857 1
高香草酸	N/A	马来酸	N/A
3-羟基-3-甲基谷氨酸	627.037		

二、糖含量

化合物中文名称	含量（mg/g）	化合物中文名称	含量（mg/g）
苯基-β-D-吡喃葡萄糖苷	N/A	1,5-酐-D-山梨糖醇	0.639 400 303
D-纤维二糖	0.106 318 829	D-甘露糖-6-磷酸钠	0.055 123 876 8
海藻糖	0.008 763 048 97	1,6-脱水-β-D-葡萄糖	0.454 937 91
蔗糖	326.313 983	肌醇	5.007 672 89
麦芽糖	0.077 913 780 9	D-葡萄糖醛酸	0.018 518 223 1
乳糖	N/A	葡萄糖	36.470 267 5
2-脱氧-D-葡萄糖	N/A	D-半乳糖醛酸	0.092 706 108
2-脱氧-D-核糖	N/A	D-半乳糖	0.135 159 213
D-甘露糖	N/A	L-岩藻糖	0.177 337 708
D-核糖	0.000 532 844 018	D-果糖	129.770 217
D-(+)-核糖酸-1,4-内酯	0.005 944 048 46	D-阿拉伯糖	0.059 422 11
D-木酮糖	0.009 625 441 7	阿拉伯糖醇	0.016 025 865 7
D-木糖	0.153 920 444	N-乙酰氨基葡萄糖	0.010 544 129 2
木糖醇	0.009 056 597 68	甲基β-D-吡喃半乳糖苷	0.037 242 806 7
D-山梨醇	0.020 707 723 4	L-鼠李糖	0.029 644 825 8
D-核糖-5-磷酸钡盐	0.049 820 292 8	棉子糖	N/A

三、花青素含量

化合物中文名称	含量（μg/g）	化合物中文名称	含量（μg/g）
矢车菊素-3-O-(6″-O-乙酰)葡萄糖苷	N/A	芍药花素-3-O-(6″-O-乙酰-丙二酰)葡萄糖苷	N/A
矢车菊素-3-O-(6″-对香豆酰)半乳糖苷	N/A	芍药花素-3-O-半乳糖苷	0.011 344 786 8
矢车菊素-3-O-(6″-咖啡酰)鼠李糖苷	N/A	芍药花素-3-O-(乙酰)(丙二酰)半乳糖苷	N/A
矢车菊素-3-O-半乳糖苷	N/A	芍药花素-3-O-(6″-O-乙酰)葡萄糖苷	N/A
矢车菊素-3-O-芸香糖苷	N/A	芍药花素-3-O-葡萄糖苷	N/A
矢车菊素-3-O-葡萄糖苷	N/A	芍药花素-3-O-木糖苷	N/A
飞燕草素-3-O-木糖苷	N/A	矮牵牛素-3-O-阿拉伯糖苷	N/A
飞燕草素-3-O-芸香糖苷	N/A	矮牵牛素-3-O-半乳糖苷	N/A
飞燕草素-3-O-(6″-O-乙酰)半乳糖苷	N/A	原花青素 B4	N/A
飞燕草素-3-O-槐糖苷	0.010 486 859 8	原花青素 B2	N/A
锦葵色素-3-O-木糖苷	N/A	原花青素 B3	0.016 023 178 9
锦葵色素-3-O-鼠李糖苷	N/A	原花青素 B1	0.175 068 149
锦葵色素	N/A	槲皮素-3-O-葡萄糖苷（异槲皮苷）	N/A
锦葵色素-3-O-葡萄糖苷	0.007 483 187 1	柚皮素	N/A
天竺葵素-3-O-半乳糖苷	N/A		

柳州吕宋

一、有机酸含量

化合物中文名称	含量（ng/g）	化合物中文名称	含量（ng/g）
（R）-3-羟基丁酸	1 106.788 77	反式-乌头酸	196 713.12
齐墩果酸	2.903 802 51	L-苹果酸	1 261 825.6
戊二酸	N/A	己二酸	74.399 860 6
4-羟基马尿酸	N/A	邻氨基苯甲酸	1.481 654 39
乳酸	N/A	壬二酸	1 702.199 88
对羟基苯乙酸	N/A	顺式-乌头酸	96 673.900 1
2-羟基-3-甲基丁酸	21.153 493 9	富马酸	2 417.658 77
犬尿氨酸	N/A	3-（4-羟基苯基）乳酸	0.353 796 536
肉桂酸	N/A	α-酮戊二酸	13 820.824 2
3-吲哚乙酸	N/A	泛酸	10 085.407 1
苯乙酰甘氨酸	13.103 722 9	L-焦谷氨酸	8 344.127 02
3-羟基异戊酸	N/A	水杨酸	18.683 356 6
5-羟基吲哚-3-乙酸	N/A	辛二酸	697.601 035
乙基丙二酸	N/A	琥珀酸	37 415.289 7
吲哚-3-乙酸	N/A	酒石酸	9 159.745 17
山楂酸	199.452 518	2-羟基-2-甲基丁酸	207.332 272
苯甲酸	N/A	4-氨基丁酸	67 521.700 2
3-（3-羟基苯基）-3-羟基丙酸	N/A	4-香豆酸	33.125 024 9
3-羟基马尿酸	N/A	对羟基苯甲酸	119.775 035
马尿酸	N/A	咖啡酸	110.203 066
乙酰丙酸	N/A	阿魏酸	52.139 259 4
甲基丙二酸	N/A	没食子酸	288.123 631
新绿原酸	N/A	丙酮酸	652.602 031
吲哚-2-羧酸	N/A	莽草酸	3 528.001 19
甲基丁二酸	N/A	牛磺酸	27.656 480 2
3,4-二羟基苯乙酸	N/A	DL-3-苯基乳酸	N/A
氢化肉桂酸	N/A	3-甲基己二酸	19.332 868 8
鼠尾草酸	N/A	邻羟基苯乙酸	0.529 567 987
柠康酸	N/A	5-羟甲基-2-呋喃甲酸	127.017 718
隐绿原酸	N/A	癸二酸	0.419 833 765
3-羟基苯乙酸	N/A	氯氨酮	5.973 362 53
高香草酸	N/A	马来酸	N/A
3-羟基-3-甲基谷氨酸	143.238 105		

二、糖含量

化合物中文名称	含量（mg/g）	化合物中文名称	含量（mg/g）
苯基-β-D-吡喃葡萄糖苷	N/A	1,5-酐-D-山梨糖醇	0.085 470 741 5
D-纤维二糖	0.068 192 585 2	D-甘露糖-6-磷酸钠	0.298 234 469
海藻糖	0.009 125 470 94	1,6-脱水-β-D-葡萄糖	5.856 212 42
蔗糖	336.663 327	肌醇	0.018 681 883 8
麦芽糖	0.160 050 301	D-葡萄糖醛酸	50.237 474 9
乳糖	N/A	葡萄糖	0.147 601 804
2-脱氧-D-葡萄糖	N/A	D-半乳糖醛酸	0.110 186 573
2-脱氧-D-核糖	N/A	D-半乳糖	0.227 050 1
D-甘露糖	N/A	L-岩藻糖	118.378 758
D-核糖	N/A	D-果糖	0.024 012 424 8
D-（+）-核糖酸-1,4-内酯	0.007 159 058 12	D-阿拉伯糖	0.014 683 587 2
D-木酮糖	0.008 820 380 76	阿拉伯糖醇	0.010 507 454 9
D-木糖	0.088 815 230 5	N-乙酰氨基葡萄糖	0.060 706 613 2
木糖醇	0.007 178 737 47	甲基β-D-吡喃半乳糖苷	0.023 230 060 1
D-山梨醇	0.021 729 458 9	L-鼠李糖	N/A
D-核糖-5-磷酸钡盐	0.046 416 232 5	棉子糖	0.085 470 741 5

三、花青素含量

化合物中文名称	含量（μg/g）	化合物中文名称	含量（μg/g）
矢车菊素-3-O-（6″-O-乙酰）葡萄糖苷	N/A	芍药花素-3-O-（6″-O-乙酰-丙二酰）葡萄糖苷	0.001 893 126 1
矢车菊素-3-O-（6″-对香豆酰）半乳糖苷	N/A	芍药花素-3-O-半乳糖苷	N/A
矢车菊素-3-O-（6″-咖啡酰）鼠李糖苷	N/A	芍药花素-3-O-（乙酰）（丙二酰）半乳糖苷	N/A
矢车菊素-3-O-半乳糖苷	N/A	芍药花素-3-O-（6″-O-乙酰）葡萄糖苷	N/A
矢车菊素-3-O-芸香糖苷	N/A	芍药花素-3-O-葡萄糖苷	N/A
矢车菊素-3-O-葡萄糖苷	N/A	芍药花素-3-O-木糖苷	N/A
飞燕草素-3-O-木糖苷	0.017 525 573 6	矮牵牛素-3-O-阿拉伯糖苷	N/A
飞燕草素-3-O-芸香糖苷	N/A	矮牵牛素-3-O-半乳糖苷	N/A
飞燕草素-3-O-（6″-O-乙酰）半乳糖苷	N/A	原花青素 B4	0.014 800 294 2
飞燕草素-3-O-槐糖苷	N/A	原花青素 B2	0.043 416 748 4
锦葵色素-3-O-木糖苷	N/A	原花青素 B3	0.049 185 330 5
锦葵色素-3-O-鼠李糖苷	N/A	原花青素 B1	0.880 068 641
锦葵色素	N/A	槲皮素-3-O-葡萄糖苷（异槲皮苷）	N/A
锦葵色素-3-O-葡萄糖苷	0.007 457 030 79	柚皮素	0.003 816 571 88
天竺葵素-3-O-半乳糖苷	N/A		

缅甸 3 号

一、有机酸含量

化合物中文名称	含量（ng/g）	化合物中文名称	含量（ng/g）
（R）-3-羟基丁酸	1 494.339 44	反式-乌头酸	N/A
齐墩果酸	N/A	L-苹果酸	1 474 561.57
戊二酸	N/A	己二酸	60.229 735
4-羟基马尿酸	N/A	邻氨基苯甲酸	3.118 920 5
乳酸	N/A	壬二酸	297.696 804
对羟基苯乙酸	N/A	顺式-乌头酸	958 371.005
2-羟基-3-甲基丁酸	N/A	富马酸	12 795.206 5
犬尿氨酸	N/A	3-（4-羟基苯基）乳酸	23.623 441 2
肉桂酸	N/A	α-酮戊二酸	13 065.569
3-吲哚乙酸	N/A	泛酸	7 313.698 36
苯乙酰甘氨酸	N/A	L-焦谷氨酸	2 481.225 64
3-羟基异戊酸	N/A	水杨酸	141.131 138
5-羟基吲哚-3-乙酸	N/A	辛二酸	24.375 584 6
乙基丙二酸	N/A	琥珀酸	56 490.452 1
吲哚-3-乙酸	1.681 595 87	酒石酸	13 793.258
山楂酸	N/A	2-羟基-2-甲基丁酸	1 619.826 58
苯甲酸	N/A	4-氨基丁酸	80 863.698 4
3-（3-羟基苯基）-3-羟基丙酸	N/A	4-香豆酸	219.137 763
3-羟基马尿酸	N/A	对羟基苯甲酸	2 098.645 75
马尿酸	N/A	咖啡酸	281.661 146
乙酰丙酸	N/A	阿魏酸	2 513.630 16
甲基丙二酸	N/A	没食子酸	9 945.050 66
新绿原酸	N/A	丙酮酸	648.169 33
吲哚-2-羧酸	N/A	莽草酸	32 832.521 4
甲基丁二酸	N/A	牛磺酸	52.766 465 3
3,4-二羟基苯乙酸	N/A	DL-3-苯基乳酸	18.867 887 8
氢化肉桂酸	N/A	3-甲基己二酸	9.446 687 45
鼠尾草酸	N/A	邻羟基苯乙酸	16.020 070 1
柠康酸	N/A	5-羟甲基-2-呋喃甲酸	54.250 584 6
隐绿原酸	N/A	癸二酸	N/A
3-羟基苯乙酸	N/A	氯氨酮	4.956 897 9
高香草酸	N/A	马来酸	N/A
3-羟基-3-甲基谷氨酸	185.479 345		

二、糖含量

化合物中文名称	含量（mg/g）	化合物中文名称	含量（mg/g）
苯基-β-D-吡喃葡萄糖苷	N/A	1,5-酐-D-山梨糖醇	0.692 088 583
D-纤维二糖	0.427 761 811	D-甘露糖-6-磷酸钠	0.083 065 748
海藻糖	0.010 46	1,6-脱水-β-D-葡萄糖	0.238 490 157
蔗糖	182.580 315	肌醇	5.722 086 61
麦芽糖	0.161 559 843	D-葡萄糖醛酸	0.030 840 551 2
乳糖	N/A	葡萄糖	117.850 591
2-脱氧-D-葡萄糖	N/A	D-半乳糖醛酸	0.070 647 834 6
2-脱氧-D-核糖	N/A	D-半乳糖	0.164 947 244
D-甘露糖	N/A	L-岩藻糖	0.347 527 559
D-核糖	0.001 351 271 65	D-果糖	237.740 157
D-（+）-核糖酸-1,4-内酯	0.007 498 799 21	D-阿拉伯糖	0.030 843 700 8
D-木酮糖	0.017 138 779 5	阿拉伯糖醇	0.022 072 637 8
D-木糖	0.434 413 386	N-乙酰氨基葡萄糖	0.009 494 409 45
木糖醇	0.018 366 574 8	甲基 β-D-吡喃半乳糖苷	0.052 938 189
D-山梨醇	0.087 051 771 7	L-鼠李糖	0.020 535 236 2
D-核糖-5-磷酸钡盐	0.044 879 133 9	棉子糖	N/A

三、花青素含量

化合物中文名称	含量（μg/g）	化合物中文名称	含量（μg/g）
矢车菊素-3-O-（6″-O-乙酰）葡萄糖苷	N/A	芍药花素-3-O-（6″-O-乙酰-丙二酰）葡萄糖苷	N/A
矢车菊素-3-O-（6″-对香豆酰）半乳糖苷	N/A	芍药花素-3-O-半乳糖苷	N/A
矢车菊素-3-O-（6″-咖啡酰）鼠李糖苷	N/A	芍药花素-3-O-（乙酰）（丙二酰）半乳糖苷	N/A
矢车菊素-3-O-半乳糖苷	0.005 814 305 58	芍药花素-3-O-（6″-O-乙酰）葡萄糖苷	N/A
矢车菊素-3-O-芸香糖苷	N/A	芍药花素-3-O-葡萄糖苷	N/A
矢车菊素-3-O-葡萄糖苷	N/A	芍药花素-3-O-木糖苷	N/A
飞燕草素-3-O-木糖苷	N/A	矮牵牛素-3-O-阿拉伯糖苷	N/A
飞燕草素-3-O-芸香糖苷	N/A	矮牵牛素-3-O-半乳糖苷	N/A
飞燕草素-3-O-（6″-O-乙酰）半乳糖苷	N/A	原花青素 B4	N/A
飞燕草素-3-O-槐糖苷	N/A	原花青素 B2	N/A
锦葵色素-3-O-木糖苷	N/A	原花青素 B3	0.029 045 897 1
锦葵色素-3-O-鼠李糖苷	N/A	原花青素 B1	0.194 206 636
锦葵色素	N/A	槲皮素-3-O-葡萄糖苷（异槲皮苷）	N/A
锦葵色素-3-O-葡萄糖苷	0.007 402 046 49	柚皮素	N/A
天竺葵素-3-O-半乳糖苷	0.000 170 588 118		

缅甸 4 号

一、有机酸含量

化合物中文名称	含量（ng/g）	化合物中文名称	含量（ng/g）
（R）-3-羟基丁酸	8 079.910 54	反式-乌头酸	200 051.536
齐墩果酸	12.295 215 9	L-苹果酸	744 223.065
戊二酸	N/A	己二酸	54.437 475 7
4-羟基马尿酸	4.034 558 54	邻氨基苯甲酸	3.126 516 92
乳酸	N/A	壬二酸	565.360 755
对羟基苯乙酸	N/A	顺式-乌头酸	167 846.169
2-羟基-3-甲基丁酸	18.173 570 6	富马酸	2 077.314 27
犬尿氨酸	N/A	3-（4-羟基苯基）乳酸	37.386 328 3
肉桂酸	N/A	α-酮戊二酸	6 813.350 84
3-吲哚乙酸	N/A	泛酸	1 976.302 99
苯乙酰甘氨酸	N/A	L-焦谷氨酸	4 863.370 28
3-羟基异戊酸	N/A	水杨酸	54.431 641 4
5-羟基吲哚-3-乙酸	N/A	辛二酸	83.636 036 6
乙基丙二酸	N/A	琥珀酸	50 663.652 3
吲哚-3-乙酸	N/A	酒石酸	8 737.699 34
山楂酸	N/A	2-羟基-2-甲基丁酸	224.086 931
苯甲酸	N/A	4-氨基丁酸	80 631.563 6
3-（3-羟基苯基）-3-羟基丙酸	N/A	4-香豆酸	153.428 627
3-羟基马尿酸	N/A	对羟基苯甲酸	101.997 277
马尿酸	N/A	咖啡酸	186.073 512
乙酰丙酸	N/A	阿魏酸	61.541 909 8
甲基丙二酸	N/A	没食子酸	1 386.843 64
新绿原酸	N/A	丙酮酸	474.183 197
吲哚-2-羧酸	N/A	莽草酸	34 407.429
甲基丁二酸	N/A	牛磺酸	13.375 923 8
3,4-二羟基苯乙酸	N/A	DL-3-苯基乳酸	1 486.697 78
氢化肉桂酸	N/A	3-甲基己二酸	N/A
鼠尾草酸	N/A	邻羟基苯乙酸	10.845 293 7
柠康酸	N/A	5-羟甲基-2-呋喃甲酸	144.517 697
隐绿原酸	N/A	癸二酸	33.070 011 7
3-羟基苯乙酸	1 959.062 62	氯氨酮	N/A
高香草酸	N/A	马来酸	N/A
3-羟基-3-甲基谷氨酸	N/A		

二、糖含量

化合物中文名称	含量（mg/g）	化合物中文名称	含量（mg/g）
苯基-β-D-吡喃葡萄糖苷	N/A	1,5-酐-D-山梨糖醇	1.230 481 77
D-纤维二糖	0.054 918 335 9	D-甘露糖-6-磷酸钠	0.055 996 712 9
海藻糖	0.008 324 889 57	1,6-脱水-β-D-葡萄糖	0.325 259 373
蔗糖	320.464 304	肌醇	3.297 688 75
麦芽糖	0.155 255 47	D-葡萄糖醛酸	0.026 806 985 1
乳糖	N/A	葡萄糖	67.639 650 7
2-脱氧-D-葡萄糖	N/A	D-半乳糖醛酸	0.145 249 101
2-脱氧-D-核糖	N/A	D-半乳糖	0.165 299 23
D-甘露糖	N/A	L-岩藻糖	0.289 549 05
D-核糖	N/A	D-果糖	113.567 334
D-(+)-核糖酸-1,4-内酯	0.006 904 858 76	D-阿拉伯糖	0.031 134 668 7
D-木酮糖	0.015 311 823 3	阿拉伯糖醇	0.015 167 313 8
D-木糖	0.110 322 548	N-乙酰氨基葡萄糖	0.008 727 560 35
木糖醇	0.011 777 955 8	甲基 β-D-吡喃半乳糖苷	0.166 522 856
D-山梨醇	0.020 152 768 4	L-鼠李糖	0.022 261 736
D-核糖-5-磷酸钡盐	0.050 898 202 4	棉子糖	0.082 499 435

三、花青素含量

化合物中文名称	含量（μg/g）	化合物中文名称	含量（μg/g）
矢车菊素-3-O-(6″-O-乙酰)葡萄糖苷	N/A	芍药花素-3-O-(6″-O-乙酰-丙二酰)葡萄糖苷	N/A
矢车菊素-3-O-(6″-对香豆酰)半乳糖苷	N/A	芍药花素-3-O-半乳糖苷	N/A
矢车菊素-3-O-(6″-咖啡酰)鼠李糖苷	N/A	芍药花素-3-O-(乙酰)(丙二酰)半乳糖苷	N/A
矢车菊素-3-O-半乳糖苷	0.006 561 132 61	芍药花素-3-O-(6″-O-乙酰)葡萄糖苷	N/A
矢车菊素-3-O-芸香糖苷	N/A	芍药花素-3-O-葡萄糖苷	N/A
矢车菊素-3-O-葡萄糖苷	N/A	芍药花素-3-O-木糖苷	N/A
飞燕草素-3-O-木糖苷	N/A	矮牵牛素-3-O-阿拉伯糖苷	N/A
飞燕草素-3-O-芸香糖苷	0.007 377 694 03	矮牵牛素-3-O-半乳糖苷	N/A
飞燕草素-3-O-(6″-O-乙酰)半乳糖苷	N/A	原花青素 B4	N/A
飞燕草素-3-O-槐糖苷	N/A	原花青素 B2	0.013 476 023 6
锦葵色素-3-O-木糖苷	N/A	原花青素 B3	0.015 254 939 9
锦葵色素-3-O-鼠李糖苷	N/A	原花青素 B1	0.186 478 713
锦葵色素	N/A	槲皮素-3-O-葡萄糖苷（异槲皮苷）	N/A
锦葵色素-3-O-葡萄糖苷	0.005 869 790 18	柚皮素	0.099 738 235 9
天竺葵素-3-O-半乳糖苷	N/A		

缅甸 5 号

一、有机酸含量

化合物中文名称	含量（ng/g）	化合物中文名称	含量（ng/g）
（R）-3-羟基丁酸	4 834.512 34	反式-乌头酸	129 621.241
齐墩果酸	10.943 234 4	L-苹果酸	1 222 821.9
戊二酸	N/A	己二酸	100.505 012
4-羟基马尿酸	1.353 430 99	邻氨基苯甲酸	1.314 003 47
乳酸	N/A	壬二酸	380.760 409
对羟基苯乙酸	41.738 724	顺式-乌头酸	263 764.456
2-羟基-3-甲基丁酸	N/A	富马酸	3 021.675 02
犬尿氨酸	N/A	3-（4-羟基苯基）乳酸	13.639 167 3
肉桂酸	N/A	α-酮戊二酸	30 214.629 9
3-吲哚乙酸	N/A	泛酸	5 238.897 46
苯乙酰甘氨酸	N/A	L-焦谷氨酸	3 377.062 45
3-羟基异戊酸	N/A	水杨酸	16.680 609 1
5-羟基吲哚-3-乙酸	N/A	辛二酸	83.430 223 6
乙基丙二酸	N/A	琥珀酸	79 978.315 3
吲哚-3-乙酸	N/A	酒石酸	8 110.437 55
山楂酸	N/A	2-羟基-2-甲基丁酸	90.978 99
苯甲酸	N/A	4-氨基丁酸	110 230.339
3-（3-羟基苯基）-3-羟基丙酸	N/A	4-香豆酸	69.093 195 8
3-羟基马尿酸	N/A	对羟基苯甲酸	568.289 322
马尿酸	N/A	咖啡酸	73.771 684 7
乙酰丙酸	N/A	阿魏酸	202.173 285
甲基丙二酸	N/A	没食子酸	1 441.383 96
新绿原酸	N/A	丙酮酸	804.498 843
吲哚-2-羧酸	N/A	莽草酸	55 821.607 6
甲基丁二酸	N/A	牛磺酸	11.627 409 4
3,4-二羟基苯乙酸	N/A	DL-3-苯基乳酸	628.810 717
氢化肉桂酸	N/A	3-甲基己二酸	48.253 565 9
鼠尾草酸	N/A	邻羟基苯乙酸	4.282 430 61
柠康酸	N/A	5-羟甲基-2-呋喃甲酸	108.032 961
隐绿原酸	N/A	癸二酸	287.092 328
3-羟基苯乙酸	5 649.228 99	氯氨酮	11.967 424 8
高香草酸	N/A	马来酸	N/A
3-羟基-3-甲基谷氨酸	141.533 346		

二、糖含量

化合物中文名称	含量（mg/g）	化合物中文名称	含量（mg/g）
苯基-β-D-吡喃葡萄糖苷	N/A	1,5-酐-D-山梨糖醇	1.871 329 16
D-纤维二糖	0.070 763 373 5	D-甘露糖-6-磷酸钠	0.084 118 939 8
海藻糖	0.008 101 628 92	1,6-脱水-β-D-葡萄糖	0.400 337 349
蔗糖	349.033 253	肌醇	3.156 375 9
麦芽糖	0.267 398 554	D-葡萄糖醛酸	0.020 057 060 2
乳糖	N/A	葡萄糖	33.827 855 4
2-脱氧-D-葡萄糖	N/A	D-半乳糖醛酸	0.048 110 843 4
2-脱氧-D-核糖	N/A	D-半乳糖	0.098 726 554 2
D-甘露糖	N/A	L-岩藻糖	0.272 990 843
D-核糖	N/A	D-果糖	51.841 349 4
D-(+)-核糖酸-1,4-内酯	0.006 000 462 65	D-阿拉伯糖	0.047 270 939 8
D-木酮糖	0.003 537 734 94	阿拉伯糖醇	0.013 950 843 4
D-木糖	0.046 446 457 8	N-乙酰氨基葡萄糖	0.010 033 657 8
木糖醇	0.007 087 460 24	甲基β-D-吡喃半乳糖苷	0.041 815 325 3
D-山梨醇	0.016 902 380 7	L-鼠李糖	0.026 388 819 3
D-核糖-5-磷酸钡盐	0.063 544 481 9	棉子糖	N/A

三、花青素含量

化合物中文名称	含量（μg/g）	化合物中文名称	含量（μg/g）
矢车菊素-3-O-(6″-O-乙酰)葡萄糖苷	N/A	芍药花素-3-O-(6″-O-乙酰-丙二酰)葡萄糖苷	0.001 945 181 15
矢车菊素-3-O-(6″-对香豆酰)半乳糖苷	N/A	芍药花素-3-O-半乳糖苷	N/A
矢车菊素-3-O-(6″-咖啡酰)鼠李糖苷	N/A	芍药花素-3-O-(乙酰)(丙二酰)半乳糖苷	N/A
矢车菊素-3-O-半乳糖苷	0.003 477 271 83	芍药花素-3-O-(6″-O-乙酰)葡萄糖苷	N/A
矢车菊素-3-O-芸香糖苷	N/A	芍药花素-3-O-葡萄糖苷	N/A
矢车菊素-3-O-葡萄糖苷	N/A	芍药花素-3-O-木糖苷	N/A
飞燕草素-3-O-木糖苷	0.011 581 172	矮牵牛素-3-O-阿拉伯糖苷	N/A
飞燕草素-3-O-芸香糖苷	N/A	矮牵牛素-3-O-半乳糖苷	N/A
飞燕草素-3-O-(6″-O-乙酰)半乳糖苷	N/A	原花青素 B4	0.015 234 488 2
飞燕草素-3-O-槐糖苷	N/A	原花青素 B2	0.079 884 181 4
锦葵色素-3-O-木糖苷	N/A	原花青素 B3	0.040 001 979 8
锦葵色素-3-O-鼠李糖苷	N/A	原花青素 B1	0.475 010 889
锦葵色素	N/A	槲皮素-3-O-葡萄糖苷（异槲皮苷）	N/A
锦葵色素-3-O-葡萄糖苷	0.003 899 861 41	柚皮素	0.008 353 652 74
天竺葵素-3-O-半乳糖苷	N/A		

马切苏

一、有机酸含量

化合物中文名称	含量（ng/g）	化合物中文名称	含量（ng/g）
（R）-3-羟基丁酸	7 012.831 94	反式-乌头酸	149 787.75
齐墩果酸	N/A	L-苹果酸	1 343 564.64
戊二酸	N/A	己二酸	134.417 523
4-羟基马尿酸	N/A	邻氨基苯甲酸	1.804 322 54
乳酸	N/A	壬二酸	737.767 009
对羟基苯乙酸	N/A	顺式-乌头酸	159 276.992
2-羟基-3-甲基丁酸	N/A	富马酸	1 771.787 17
犬尿氨酸	N/A	3-（4-羟基苯基）乳酸	22.299 767 4
肉桂酸	19.217 871 7	α-酮戊二酸	7 199.505 72
3-吲哚乙酸	N/A	泛酸	11 251.017 6
苯乙酰甘氨酸	N/A	L-焦谷氨酸	6 384.774 18
3-羟基异戊酸	N/A	水杨酸	110.326 614
5-羟基吲哚-3-乙酸	N/A	辛二酸	131.729 017
乙基丙二酸	N/A	琥珀酸	40 148.090 7
吲哚-3-乙酸	N/A	酒石酸	8 937.003 3
山楂酸	N/A	2-羟基-2-甲基丁酸	73.543 031 6
苯甲酸	N/A	4-氨基丁酸	58 819.151
3-（3-羟基苯基）-3-羟基丙酸	N/A	4-香豆酸	510.272 34
3-羟基马尿酸	N/A	对羟基苯甲酸	759.874 007
马尿酸	N/A	咖啡酸	384.956 387
乙酰丙酸	N/A	阿魏酸	302.068 23
甲基丙二酸	N/A	没食子酸	2 246.830 78
新绿原酸	N/A	丙酮酸	899.772 243
吲哚-2-羧酸	N/A	莽草酸	8 234.686 95
甲基丁二酸	N/A	牛磺酸	14.930 703 6
3,4-二羟基苯乙酸	N/A	DL-3-苯基乳酸	731.944 175
氢化肉桂酸	N/A	3-甲基己二酸	9.888 350 46
鼠尾草酸	N/A	邻羟基苯乙酸	5.897 218 45
柠康酸	N/A	5-羟甲基-2-呋喃甲酸	183.068 424
隐绿原酸	N/A	癸二酸	57.386 993 6
3-羟基苯乙酸	2 980.567 94	氯氨酮	5.714 062 8
高香草酸	N/A	马来酸	N/A
3-羟基-3-甲基谷氨酸	82.004 361 3		

二、糖含量

化合物中文名称	含量（mg/g）	化合物中文名称	含量（mg/g）
苯基-β-D-吡喃葡萄糖苷	N/A	1,5-酐-D-山梨糖醇	0.470 964 198
D-纤维二糖	0.076 643 648 8	D-甘露糖-6-磷酸钠	0.038 439 627 3
海藻糖	0.009 085 590 98	1,6-脱水-β-D-葡萄糖	0.348 376 655
蔗糖	301.893 085	肌醇	3.352 937 71
麦芽糖	0.185 760 275	D-葡萄糖醛酸	0.021 148 013 7
乳糖	N/A	葡萄糖	55.963 315 4
2-脱氧-D-葡萄糖	N/A	D-半乳糖醛酸	0.356 625 797
2-脱氧-D-核糖	N/A	D-半乳糖	0.370 120 647
D-甘露糖	N/A	L-岩藻糖	0.214 791 564
D-核糖	N/A	D-果糖	110.907 111
D-(+)-核糖酸-1,4-内酯	0.006 724 237 37	D-阿拉伯糖	0.032 671 113 3
D-木酮糖	0.013 805 787 2	阿拉伯糖醇	0.015 356 625 8
D-木糖	0.152 989 701	N-乙酰氨基葡萄糖	0.011 937 910 7
木糖醇	0.011 896 753 3	甲基β-D-吡喃半乳糖苷	0.173 084 846
D-山梨醇	0.018 211 613 5	L-鼠李糖	0.023 741 441 9
D-核糖-5-磷酸钡盐	0.035 028 151 1	棉子糖	0.103 127 415

三、花青素含量

化合物中文名称	含量（μg/g）	化合物中文名称	含量（μg/g）
矢车菊素-3-O-(6″-O-乙酰)葡萄糖苷	N/A	芍药花素-3-O-(6″-O-乙酰-丙二酰)葡萄糖苷	N/A
矢车菊素-3-O-(6″-对香豆酰)半乳糖苷	0.003 794 356 48	芍药花素-3-O-半乳糖苷	N/A
矢车菊素-3-O-(6″-咖啡酰)鼠李糖苷	N/A	芍药花素-3-O-(乙酰)(丙二酰)半乳糖苷	N/A
矢车菊素-3-O-半乳糖苷	0.006 473 893 63	芍药花素-3-O-(6″-O-乙酰)葡萄糖苷	N/A
矢车菊素-3-O-芸香糖苷	N/A	芍药花素-3-O-葡萄糖苷	N/A
矢车菊素-3-O-葡萄糖苷	N/A	芍药花素-3-O-木糖苷	N/A
飞燕草素-3-O-木糖苷	N/A	矮牵牛素-3-O-阿拉伯糖苷	N/A
飞燕草素-3-O-芸香糖苷	N/A	矮牵牛素-3-O-半乳糖苷	N/A
飞燕草素-3-O-(6″-O-乙酰)半乳糖苷	N/A	原花青素 B4	N/A
飞燕草素-3-O-槐糖苷	N/A	原花青素 B2	N/A
锦葵色素-3-O-木糖苷	N/A	原花青素 B3	N/A
锦葵色素-3-O-鼠李糖苷	N/A	原花青素 B1	0.088 537 149 8
锦葵色素	N/A	槲皮素-3-O-葡萄糖苷（异槲皮苷）	N/A
锦葵色素-3-O-葡萄糖苷	N/A	柚皮素	N/A
天竺葵素-3-O-半乳糖苷	N/A		

马切苏变种

一、有机酸含量

化合物中文名称	含量（ng/g）	化合物中文名称	含量（ng/g）
（R）-3-羟基丁酸	9 228.806 71	反式-乌头酸	128 412.229
齐墩果酸	N/A	L-苹果酸	1 877 278.11
戊二酸	1 508.116 37	己二酸	425.041 42
4-羟基马尿酸	N/A	邻氨基苯甲酸	1.008 264 3
乳酸	N/A	壬二酸	3 086.992 11
对羟基苯乙酸	N/A	顺式-乌头酸	162 656.805
2-羟基-3-甲基丁酸	N/A	富马酸	8 323.392 5
犬尿氨酸	1.892 455 62	3-（4-羟基苯基）乳酸	5.094 733 73
肉桂酸	N/A	α-酮戊二酸	19 652.366 9
3-吲哚乙酸	N/A	泛酸	10 101.084 8
苯乙酰甘氨酸	N/A	L-焦谷氨酸	7 776.272 19
3-羟基异戊酸	N/A	水杨酸	22.039 743 6
5-羟基吲哚-3-乙酸	N/A	辛二酸	1 221.084 81
乙基丙二酸	N/A	琥珀酸	55 895.167 7
吲哚-3-乙酸	N/A	酒石酸	8 706.094 67
山楂酸	N/A	2-羟基-2-甲基丁酸	2 545.719 92
苯甲酸	N/A	4-氨基丁酸	74 966.962 5
3-（3-羟基苯基）-3-羟基丙酸	N/A	4-香豆酸	2 783.579 88
3-羟基马尿酸	N/A	对羟基苯甲酸	191.553 254
马尿酸	N/A	咖啡酸	1 111.183 43
乙酰丙酸	N/A	阿魏酸	60.299 211
甲基丙二酸	N/A	没食子酸	2 615.295 86
新绿原酸	N/A	丙酮酸	1 129.792 9
吲哚-2-羧酸	N/A	莽草酸	36 062.426
甲基丁二酸	N/A	牛磺酸	N/A
3,4-二羟基苯乙酸	N/A	DL-3-苯基乳酸	859.168 639
氢化肉桂酸	N/A	3-甲基己二酸	115.485 207
鼠尾草酸	N/A	邻羟基苯乙酸	17.122 485 2
柠康酸	N/A	5-羟甲基-2-呋喃甲酸	56.611 341 2
隐绿原酸	N/A	癸二酸	253.535 503
3-羟基苯乙酸	3 908.165 68	氯氨酮	5.062 071 01
高香草酸	N/A	马来酸	N/A
3-羟基-3-甲基谷氨酸	160.207 101		

二、糖含量

化合物中文名称	含量（mg/g）	化合物中文名称	含量（mg/g）
苯基-β-D-吡喃葡萄糖苷	N/A	1,5-酐-D-山梨糖醇	0.563 334 634
D-纤维二糖	0.059 120 975 6	D-甘露糖-6-磷酸钠	0.065 238 829 3
海藻糖	0.007 115 765 85	1,6-脱水-β-D-葡萄糖	0.453 125 854
蔗糖	332.538 537	肌醇	3.367 082 93
麦芽糖	0.078 446 439	D-葡萄糖醛酸	0.017 317 326 8
乳糖	N/A	葡萄糖	8.903 375 61
2-脱氧-D-葡萄糖	N/A	D-半乳糖醛酸	0.040 761 561
2-脱氧-D-核糖	N/A	D-半乳糖	0.113 939 122
D-甘露糖	N/A	L-岩藻糖	0.236 025 366
D-核糖	N/A	D-果糖	44.047 609 8
D-(+)-核糖酸-1,4-内酯	0.005 492 702 44	D-阿拉伯糖	0.028 774 439
D-木酮糖	0.007 656 760 98	阿拉伯糖醇	0.015 374 634 1
D-木糖	0.131 763 902	N-乙酰氨基葡萄糖	0.009 605 931 71
木糖醇	0.007 293 307 32	甲基β-D-吡喃半乳糖苷	0.031 907 707 3
D-山梨醇	0.020 289 561	L-鼠李糖	0.023 460 487 8
D-核糖-5-磷酸钡盐	0.104 138 146	棉子糖	0.057 880 975 6

三、花青素含量

化合物中文名称	含量（μg/g）	化合物中文名称	含量（μg/g）
矢车菊素-3-O-(6″-O-乙酰)葡萄糖苷	N/A	芍药花素-3-O-(6″-O-乙酰-丙二酰)葡萄糖苷	N/A
矢车菊素-3-O-(6″-对香豆酰)半乳糖苷	0.002 464 000 79	芍药花素-3-O-半乳糖苷	N/A
矢车菊素-3-O-(6″-咖啡酰)鼠李糖苷	N/A	芍药花素-3-O-(乙酰)(丙二酰)半乳糖苷	N/A
矢车菊素-3-O-半乳糖苷	N/A	芍药花素-3-O-(6″-O-乙酰)葡萄糖苷	N/A
矢车菊素-3-O-芸香糖苷	N/A	芍药花素-3-O-葡萄糖苷	N/A
矢车菊素-3-O-葡萄糖苷	N/A	芍药花素-3-O-木糖苷	N/A
飞燕草素-3-O-木糖苷	0.028 623 108 7	矮牵牛素-3-O-阿拉伯糖苷	N/A
飞燕草素-3-O-芸香糖苷	N/A	矮牵牛素-3-O-半乳糖苷	N/A
飞燕草素-3-O-(6″-O-乙酰)半乳糖苷	N/A	原花青素 B4	N/A
飞燕草素-3-O-槐糖苷	N/A	原花青素 B2	0.093 021 615 2
锦葵色素-3-O-木糖苷	N/A	原花青素 B3	0.040 579 681 7
锦葵色素-3-O-鼠李糖苷	N/A	原花青素 B1	0.704 360 385
锦葵色素	N/A	槲皮素-3-O-葡萄糖苷（异槲皮苷）	N/A
锦葵色素-3-O-葡萄糖苷	0.009 969 719	柚皮素	0.007 528 767 93
天竺葵素-3-O-半乳糖苷	N/A		

奶油香芒

一、有机酸含量

化合物中文名称	含量（ng/g）	化合物中文名称	含量（ng/g）
（R）-3-羟基丁酸	23 014.291 6	反式-乌头酸	63 544.417
齐墩果酸	12.646 720 1	L-苹果酸	2 115 545.96
戊二酸	4 519.514 7	己二酸	1 739.851 94
4-羟基马尿酸	N/A	邻氨基苯甲酸	1.404 914 66
乳酸	5 255.336 21	壬二酸	6 675.447 25
对羟基苯乙酸	65.371 787	顺式-乌头酸	168 226.403
2-羟基-3-甲基丁酸	N/A	富马酸	4 179.076 7
犬尿氨酸	N/A	3-（4-羟基苯基）乳酸	220.366 029
肉桂酸	137.505 655	α-酮戊二酸	19 458.975 9
3-吲哚乙酸	N/A	泛酸	12 194.838 6
苯乙酰甘氨酸	N/A	L-焦谷氨酸	8 366.234 83
3-羟基异戊酸	N/A	水杨酸	65.067 756 5
5-羟基吲哚-3-乙酸	N/A	辛二酸	2 608.502 98
乙基丙二酸	N/A	琥珀酸	74 788.916 3
吲哚-3-乙酸	N/A	酒石酸	10 567.345 3
山楂酸	N/A	2-羟基-2-甲基丁酸	3 396.062 1
苯甲酸	N/A	4-氨基丁酸	65 135.101 8
3-（3-羟基苯基）-3-羟基丙酸	N/A	4-香豆酸	1 066.604 98
3-羟基马尿酸	N/A	对羟基苯甲酸	386.800 329
马尿酸	N/A	咖啡酸	971.877 442
乙酰丙酸	N/A	阿魏酸	203.315 854
甲基丙二酸	N/A	没食子酸	3 916.234 83
新绿原酸	N/A	丙酮酸	965.355 747
吲哚-2-羧酸	N/A	莽草酸	31 226.506 3
甲基丁二酸	N/A	牛磺酸	32.639 522 9
3,4-二羟基苯乙酸	N/A	DL-3-苯基乳酸	4 361.865 1
氢化肉桂酸	N/A	3-甲基己二酸	257.903 557
鼠尾草酸	N/A	邻羟基苯乙酸	57.375 796 8
柠康酸	N/A	5-羟甲基-2-呋喃甲酸	129.326 547
隐绿原酸	N/A	癸二酸	352.753 444
3-羟基苯乙酸	3 823.051 61	氯氨酮	5.355 202 55
高香草酸	N/A	马来酸	N/A
3-羟基-3-甲基谷氨酸	385.668 312		

二、糖含量

化合物中文名称	含量（mg/g）	化合物中文名称	含量（mg/g）
苯基-β-D-吡喃葡萄糖苷	N/A	1,5-酐-D-山梨糖醇	1.479 371 12
D-纤维二糖	0.052 104 879 3	D-甘露糖-6-磷酸钠	0.103 751 799
海藻糖	0.007 997 930 01	1,6-脱水-β-D-葡萄糖	0.288 467 225
蔗糖	333.452 932	肌醇	4.212 971 91
麦芽糖	0.118 262 001	D-葡萄糖醛酸	0.025 308 033 5
乳糖	N/A	葡萄糖	48.922 424 8
2-脱氧-D-葡萄糖	N/A	D-半乳糖醛酸	0.071 932 183 3
2-脱氧-D-核糖	N/A	D-半乳糖	0.158 257 467
D-甘露糖	N/A	L-岩藻糖	0.291 446 033
D-核糖	N/A	D-果糖	45.327 944 8
D-(+)-核糖酸-1,4-内酯	0.006 101 961 56	D-阿拉伯糖	0.025 816 461 3
D-木酮糖	0.009 785 214 39	阿拉伯糖醇	0.020 021 488 4
D-木糖	0.121 039 133	N-乙酰氨基葡萄糖	0.010 412 656 5
木糖醇	0.010 486 998 5	甲基β-D-吡喃半乳糖苷	0.048 107 639 2
D-山梨醇	0.027 668 605 2	L-鼠李糖	0.031 938 294 7
D-核糖-5-磷酸钡盐	0.075 058 255 3	棉子糖	N/A

三、花青素含量

化合物中文名称	含量（μg/g）	化合物中文名称	含量（μg/g）
矢车菊素-3-O-(6″-O-乙酰)葡萄糖苷	N/A	芍药花素-3-O-(6″-O-乙酰-丙二酰)葡萄糖苷	0.003 722 270 83
矢车菊素-3-O-(6″-对香豆酰)半乳糖苷	N/A	芍药花素-3-O-半乳糖苷	0.013 274 746 5
矢车菊素-3-O-(6″-咖啡酰)鼠李糖苷	N/A	芍药花素-3-O-(乙酰)(丙二酰)半乳糖苷	N/A
矢车菊素-3-O-半乳糖苷	0.005 910 797 38	芍药花素-3-O-(6″-O-乙酰)葡萄糖苷	N/A
矢车菊素-3-O-芸香糖苷	N/A	芍药花素-3-O-葡萄糖苷	0.002 135 951 48
矢车菊素-3-O-葡萄糖苷	N/A	芍药花素-3-O-木糖苷	N/A
飞燕草素-3-O-木糖苷	N/A	矮牵牛素-3-O-阿拉伯糖苷	N/A
飞燕草素-3-O-芸香糖苷	N/A	矮牵牛素-3-O-半乳糖苷	N/A
飞燕草素-3-O-(6″-O-乙酰)半乳糖苷	N/A	原花青素 B4	0.091 464 505 9
飞燕草素-3-O-槐糖苷	N/A	原花青素 B2	0.355 822 231
锦葵色素-3-O-木糖苷	N/A	原花青素 B3	0.249 661 961
锦葵色素-3-O-鼠李糖苷	N/A	原花青素 B1	9.217 816 66
锦葵色素	N/A	槲皮素-3-O-葡萄糖苷（异槲皮苷）	0.083 914 297 1
锦葵色素-3-O-葡萄糖苷	0.006 563 372 44	柚皮素	0.026 868 562 3
天竺葵素-3-O-半乳糖苷	0.012 589 202 6		

秋 芒

一、有机酸含量

化合物中文名称	含量（ng/g）	化合物中文名称	含量（ng/g）
（R）-3-羟基丁酸	40 813.988 1	反式-乌头酸	N/A
齐墩果酸	19.992 956 3	L-苹果酸	1 418 462.3
戊二酸	4 210.188 49	己二酸	384.002 976
4-羟基马尿酸	N/A	邻氨基苯甲酸	2.058 015 87
乳酸	N/A	壬二酸	426.855 159
对羟基苯乙酸	84.415 476 2	顺式-乌头酸	603 568.452
2-羟基-3-甲基丁酸	N/A	富马酸	13 978.869
犬尿氨酸	N/A	3-（4-羟基苯基)乳酸	167.670 635
肉桂酸	N/A	α-酮戊二酸	8 882.599 21
3-吲哚乙酸	N/A	泛酸	5 707.202 38
苯乙酰甘氨酸	N/A	L-焦谷氨酸	1 122.430 56
3-羟基异戊酸	N/A	水杨酸	16.762 599 2
5-羟基吲哚-3-乙酸	N/A	辛二酸	78.302 877
乙基丙二酸	2 185.287 7	琥珀酸	59 634.523 8
吲哚-3-乙酸	N/A	酒石酸	14 768.055 6
山楂酸	N/A	2-羟基-2-甲基丁酸	1 782.876 98
苯甲酸	N/A	4-氨基丁酸	67 192.956 3
3-（3-羟基苯基)-3-羟基丙酸	N/A	4-香豆酸	586.202 381
3-羟基马尿酸	N/A	对羟基苯甲酸	2 012.956 35
马尿酸	N/A	咖啡酸	142.061 508
乙酰丙酸	N/A	阿魏酸	2 983.492 06
甲基丙二酸	N/A	没食子酸	3 435.902 78
新绿原酸	N/A	丙酮酸	730.659 722
吲哚-2-羧酸	N/A	莽草酸	59 686.706 3
甲基丁二酸	N/A	牛磺酸	54.291 666 7
3,4-二羟基苯乙酸	N/A	DL-3-苯基乳酸	70.243 948 4
氢化肉桂酸	N/A	3-甲基己二酸	34.290 178 6
鼠尾草酸	N/A	邻羟基苯乙酸	12.690 773 8
柠康酸	N/A	5-羟甲基-2-呋喃甲酸	141.047 619
隐绿原酸	N/A	癸二酸	51.939 484 1
3-羟基苯乙酸	6 978.134 92	氯氨酮	183.522 817
高香草酸	N/A	马来酸	N/A
3-羟基-3-甲基谷氨酸	277.367 063		

二、糖含量

化合物中文名称	含量（mg/g）	化合物中文名称	含量（mg/g）
苯基-β-D-吡喃葡萄糖苷	N/A	1,5-酐-D-山梨糖醇	2.572 888 43
D-纤维二糖	0.568 022 941	D-甘露糖-6-磷酸钠	0.072 832 951
海藻糖	0.010 291 261 7	1,6-脱水-β-D-葡萄糖	0.247 764 338
蔗糖	195.309 072	肌醇	5.944 984 36
麦芽糖	0.158 512 2	D-葡萄糖醛酸	0.035 692 596 5
乳糖	N/A	葡萄糖	98.530 135 6
2-脱氧-D-葡萄糖	N/A	D-半乳糖醛酸	0.426 185 61
2-脱氧-D-核糖	N/A	D-半乳糖	0.184 263 399
D-甘露糖	N/A	L-岩藻糖	0.354 227 32
D-核糖	0.009 066 256 52	D-果糖	249.470 282
D-(+)-核糖酸-1,4-内酯	0.007 012 930 14	D-阿拉伯糖	0.041 403 545 4
D-木酮糖	0.019 823 274 2	阿拉伯糖醇	0.021 783 524 5
D-木糖	0.859 680 918	N-乙酰氨基葡萄糖	0.006 633 910 32
木糖醇	0.011 788 362 9	甲基β-D-吡喃半乳糖苷	0.046 114 285 7
D-山梨醇	0.044 744 317	L-鼠李糖	0.028 128 467 2
D-核糖-5-磷酸钡盐	0.043 956 621 5	棉子糖	N/A

三、花青素含量

化合物中文名称	含量（μg/g）	化合物中文名称	含量（μg/g）
矢车菊素-3-O-(6″-O-乙酰)葡萄糖苷	N/A	芍药花素-3-O-(6″-O-乙酰-丙二酰)葡萄糖苷	N/A
矢车菊素-3-O-(6″-对香豆酰)半乳糖苷	N/A	芍药花素-3-O-半乳糖苷	N/A
矢车菊素-3-O-(6″-咖啡酰)鼠李糖苷	N/A	芍药花素-3-O-(乙酰)(丙二酰)半乳糖苷	N/A
矢车菊素-3-O-半乳糖苷	N/A	芍药花素-3-O-(6″-O-乙酰)葡萄糖苷	N/A
矢车菊素-3-O-芸香糖苷	N/A	芍药花素-3-O-葡萄糖苷	N/A
矢车菊素-3-O-葡萄糖苷	N/A	芍药花素-3-O-木糖苷	N/A
飞燕草素-3-O-木糖苷	N/A	矮牵牛素-3-O-阿拉伯糖苷	N/A
飞燕草素-3-O-芸香糖苷	N/A	矮牵牛素-3-O-半乳糖苷	N/A
飞燕草素-3-O-(6″-O-乙酰)半乳糖苷	N/A	原花青素 B4	N/A
飞燕草素-3-O-槐糖苷	0.013 712 726 5	原花青素 B2	0.073 144 166 2
锦葵色素-3-O-木糖苷	N/A	原花青素 B3	0.050 928 527 8
锦葵色素-3-O-鼠李糖苷	N/A	原花青素 B1	0.356 277 744
锦葵色素	N/A	槲皮素-3-O-葡萄糖苷（异槲皮苷）	N/A
锦葵色素-3-O-葡萄糖苷	0.007 463 490 12	柚皮素	0.008 155 630 22
天竺葵素-3-O-半乳糖苷	N/A		

球　芒

一、有机酸含量

化合物中文名称	含量（ng/g）	化合物中文名称	含量（ng/g）
（R）-3-羟基丁酸	881.323 732	反式-乌头酸	148 285.658
齐墩果酸	3.576 415 47	L-苹果酸	873 109.094
戊二酸	N/A	己二酸	63.033 044
4-羟基马尿酸	1.936 555 53	邻氨基苯甲酸	1.981 643 32
乳酸	6 224.787 93	壬二酸	1 735.618 47
对羟基苯乙酸	N/A	顺式-乌头酸	197 786.546
2-羟基-3-甲基丁酸	20.165 22	富马酸	2 569.944 76
犬尿氨酸	N/A	3-（4-羟基苯基）乳酸	6.434 355 89
肉桂酸	N/A	α-酮戊二酸	26 202.110 9
3-吲哚乙酸	N/A	泛酸	8 244.456 5
苯乙酰甘氨酸	N/A	L-焦谷氨酸	5 851.854 41
3-羟基异戊酸	301.533 833	水杨酸	245.520 813
5-羟基吲哚-3-乙酸	N/A	辛二酸	336.967 844
乙基丙二酸	N/A	琥珀酸	51 648.352 7
吲哚-3-乙酸	N/A	酒石酸	9 065.959 76
山楂酸	N/A	2-羟基-2-甲基丁酸	140.956 796
苯甲酸	N/A	4-氨基丁酸	73 010.554 3
3-（3-羟基苯基）-3-羟基丙酸	N/A	4-香豆酸	188.622 016
3-羟基马尿酸	N/A	对羟基苯甲酸	279.497 929
马尿酸	N/A	咖啡酸	21.603 965 3
乙酰丙酸	N/A	阿魏酸	61.888 932 7
甲基丙二酸	N/A	没食子酸	1 732.047 74
新绿原酸	N/A	丙酮酸	484.753 403
吲哚-2-羧酸	N/A	莽草酸	21 354.902 3
甲基丁二酸	N/A	牛磺酸	27.391 990 5
3,4-二羟基苯乙酸	N/A	DL-3-苯基乳酸	8.641 655 16
氢化肉桂酸	N/A	3-甲基己二酸	25.486 979 7
鼠尾草酸	N/A	邻羟基苯乙酸	5.414 845 14
柠康酸	N/A	5-羟甲基-2-呋喃甲酸	37.766 423 4
隐绿原酸	N/A	癸二酸	175.976 524
3-羟基苯乙酸	1 888.104 16	氯氨酮	N/A
高香草酸	N/A	马来酸	N/A
3-羟基-3-甲基谷氨酸	251.473 663		

二、糖含量

化合物中文名称	含量（mg/g）	化合物中文名称	含量（mg/g）
苯基-β-D-吡喃葡萄糖苷	N/A	1,5-酐-D-山梨糖醇	1.022 912 1
D-纤维二糖	0.136 673 63	D-甘露糖-6-磷酸钠	0.075 137 952 4
海藻糖	0.011 179 152	1,6-脱水-β-D-葡萄糖	0.370 732 161
蔗糖	284.210 962	肌醇	2.991 251 29
麦芽糖	0.381 216 132	D-葡萄糖醛酸	0.016 974 395
乳糖	N/A	葡萄糖	43.993 588 4
2-脱氧-D-葡萄糖	N/A	D-半乳糖醛酸	0.052 588 417 8
2-脱氧-D-核糖	N/A	D-半乳糖	0.077 534 643 2
D-甘露糖	N/A	L-岩藻糖	0.186 563 392
D-核糖	N/A	D-果糖	161.067 011
D-(+)-核糖酸-1,4-内酯	0.006 798 097 21	D-阿拉伯糖	0.017 570 775 6
D-木酮糖	0.003 833 857 29	阿拉伯糖醇	0.014 515 656 7
D-木糖	0.086 044 881 1	N-乙酰氨基葡萄糖	0.009 615 925 54
木糖醇	0.007 749 534 64	甲基β-D-吡喃半乳糖苷	0.026 783 660 8
D-山梨醇	0.019 700 661 8	L-鼠李糖	0.020 771 871 8
D-核糖-5-磷酸钡盐	0.047 707 962 8	棉子糖	N/A

三、花青素含量

化合物中文名称	含量（μg/g）	化合物中文名称	含量（μg/g）
矢车菊素-3-O-(6″-O-乙酰)葡萄糖苷	N/A	芍药花素-3-O-(6″-O-乙酰-丙二酰)葡萄糖苷	N/A
矢车菊素-3-O-(6″-对香豆酰)半乳糖苷	N/A	芍药花素-3-O-半乳糖苷	N/A
矢车菊素-3-O-(6″-咖啡酰)鼠李糖苷	N/A	芍药花素-3-O-(乙酰)(丙二酰)半乳糖苷	N/A
矢车菊素-3-O-半乳糖苷	0.001 799 112 95	芍药花素-3-O-(6″-O-乙酰)葡萄糖苷	N/A
矢车菊素-3-O-芸香糖苷	N/A	芍药花素-3-O-葡萄糖苷	N/A
矢车菊素-3-O-葡萄糖苷	N/A	芍药花素-3-O-木糖苷	N/A
飞燕草素-3-O-木糖苷	N/A	矮牵牛素-3-O-阿拉伯糖苷	N/A
飞燕草素-3-O-芸香糖苷	N/A	矮牵牛素-3-O-半乳糖苷	N/A
飞燕草素-3-O-(6″-O-乙酰)半乳糖苷	N/A	原花青素 B4	N/A
飞燕草素-3-O-槐糖苷	N/A	原花青素 B2	N/A
锦葵色素-3-O-木糖苷	N/A	原花青素 B3	0.021 619 357 4
锦葵色素-3-O-鼠李糖苷	N/A	原花青素 B1	0.186 609 896
锦葵色素	N/A	槲皮素-3-O-葡萄糖苷（异槲皮苷）	N/A
锦葵色素-3-O-葡萄糖苷	N/A	柚皮素	0.006 972 876 01
天竺葵素-3-O-半乳糖苷	0.003 242 105 26		

热农 1 号

一、有机酸含量

化合物中文名称	含量（ng/g）	化合物中文名称	含量（ng/g）
（R）-3-羟基丁酸	191 462.839	反式-乌头酸	135 338.183
齐墩果酸	3.733 887 14	L-苹果酸	2 250 275.27
戊二酸	4 117.125 44	己二酸	3 505.908 38
4-羟基马尿酸	N/A	邻氨基苯甲酸	2.557 520 64
乳酸	N/A	壬二酸	384.277 428
对羟基苯乙酸	N/A	顺式-乌头酸	295 283.13
2-羟基-3-甲基丁酸	N/A	富马酸	13 454.286 3
犬尿氨酸	N/A	3-(4-羟基苯基)乳酸	171.587 692
肉桂酸	N/A	α-酮戊二酸	21 015.139 6
3-吲哚乙酸	12.554 561 5	泛酸	9 959.005 11
苯乙酰甘氨酸	N/A	L-焦谷氨酸	547.399 725
3-羟基异戊酸	N/A	水杨酸	60.924 990 2
5-羟基吲哚-3-乙酸	N/A	辛二酸	167.650 413
乙基丙二酸	N/A	琥珀酸	64 971.392 1
吲哚-3-乙酸	N/A	酒石酸	8 916.584 74
山楂酸	N/A	2-羟基-2-甲基丁酸	1 308.484 07
苯甲酸	1 064.382 62	4-氨基丁酸	51 655.525
3-(3-羟基苯基)-3-羟基丙酸	N/A	4-香豆酸	102.166 732
3-羟基马尿酸	N/A	对羟基苯甲酸	1 329.679 51
马尿酸	N/A	咖啡酸	142.835 234
乙酰丙酸	N/A	阿魏酸	252.884 389
甲基丙二酸	N/A	没食子酸	1 357.215 89
新绿原酸	N/A	丙酮酸	1 285.568 23
吲哚-2-羧酸	N/A	莽草酸	6 042.666 14
甲基丁二酸	N/A	牛磺酸	19.214 510 4
3,4-二羟基苯乙酸	N/A	DL-3-苯基乳酸	183.035 785
氢化肉桂酸	N/A	3-甲基己二酸	82.539 323 6
鼠尾草酸	N/A	邻羟基苯乙酸	3.749 803 38
柠康酸	N/A	5-羟甲基-2-呋喃甲酸	554.434 723
隐绿原酸	N/A	癸二酸	216.984 86
3-羟基苯乙酸	4 566.427 45	氯氨酮	N/A
高香草酸	N/A	马来酸	N/A
3-羟基-3-甲基谷氨酸	275.994 888		

二、糖含量

化合物中文名称	含量（mg/g）	化合物中文名称	含量（mg/g）
苯基-β-D-吡喃葡萄糖苷	N/A	1,5-酐-D-山梨糖醇	0.327 426
D-纤维二糖	0.092 971 2	D-甘露糖-6-磷酸钠	0.075 793 4
海藻糖	0.010 206 04	1,6-脱水-β-D-葡萄糖	0.305 062
蔗糖	375.578	肌醇	1.121 502
麦芽糖	0.084 168 6	D-葡萄糖醛酸	0.026 162 8
乳糖	N/A	葡萄糖	11.507 28
2-脱氧-D-葡萄糖	N/A	D-半乳糖醛酸	0.131 354 4
2-脱氧-D-核糖	N/A	D-半乳糖	0.161 747 6
D-甘露糖	N/A	L-岩藻糖	0.278 838
D-核糖	0.000 227 56	D-果糖	60.259
D-(+)-核糖酸-1,4-内酯	0.005 809 06	D-阿拉伯糖	0.035 444 2
D-木酮糖	0.009 120 88	阿拉伯糖醇	0.018 968 42
D-木糖	0.284 576	N-乙酰氨基葡萄糖	0.006 900 98
木糖醇	0.038 396 8	甲基 β-D-吡喃半乳糖苷	0.035 626 2
D-山梨醇	0.036 625 2	L-鼠李糖	0.034 851 4
D-核糖-5-磷酸钡盐	0.038 833	棉子糖	N/A

三、花青素含量

化合物中文名称	含量（μg/g）	化合物中文名称	含量（μg/g）
矢车菊素-3-O-(6″-O-乙酰)葡萄糖苷	N/A	芍药花素-3-O-(6″-O-乙酰-丙二酰)葡萄糖苷	0.002 096 149 24
矢车菊素-3-O-(6″-对香豆酰)半乳糖苷	N/A	芍药花素-3-O-半乳糖苷	0.015 865 901 8
矢车菊素-3-O-(6″-咖啡酰)鼠李糖苷	N/A	芍药花素-3-O-(乙酰)(丙二酰)半乳糖苷	N/A
矢车菊素-3-O-半乳糖苷	N/A	芍药花素-3-O-(6″-O-乙酰)葡萄糖苷	N/A
矢车菊素-3-O-芸香糖苷	N/A	芍药花素-3-O-葡萄糖苷	N/A
矢车菊素-3-O-葡萄糖苷	N/A	芍药花素-3-O-木糖苷	N/A
飞燕草素-3-O-木糖苷	N/A	矮牵牛素-3-O-阿拉伯糖苷	N/A
飞燕草素-3-O-芸香糖苷	N/A	矮牵牛素-3-O-半乳糖苷	N/A
飞燕草素-3-O-(6″-O-乙酰)半乳糖苷	N/A	原花青素 B4	N/A
飞燕草素-3-O-槐糖苷	N/A	原花青素 B2	N/A
锦葵色素-3-O-木糖苷	N/A	原花青素 B3	0.032 032 921
锦葵色素-3-O-鼠李糖苷	N/A	原花青素 B1	0.368 643 256
锦葵色素	N/A	槲皮素-3-O-葡萄糖苷（异槲皮苷）	N/A
锦葵色素-3-O-葡萄糖苷	0.007 518 236 23	柚皮素	N/A
天竺葵素-3-O-半乳糖苷	N/A		

乳 芒

一、有机酸含量

化合物中文名称	含量（ng/g）	化合物中文名称	含量（ng/g）
（R）-3-羟基丁酸	4 390.453 2	反式-乌头酸	196 959.606
齐墩果酸	8.499 103 45	L-苹果酸	1 301 507.39
戊二酸	N/A	己二酸	179.563 547
4-羟基马尿酸	2.114 541 87	邻氨基苯甲酸	1.115 152 71
乳酸	N/A	壬二酸	1 620.906 4
对羟基苯乙酸	N/A	顺式-乌头酸	232 948.768
2-羟基-3-甲基丁酸	N/A	富马酸	6 297.950 74
犬尿氨酸	N/A	3-（4-羟基苯基）乳酸	106.438 424
肉桂酸	N/A	α-酮戊二酸	44 682.561 6
3-吲哚乙酸	N/A	泛酸	8 783.921 18
苯乙酰甘氨酸	N/A	L-焦谷氨酸	7 860.591 13
3-羟基异戊酸	N/A	水杨酸	217.933 99
5-羟基吲哚-3-乙酸	N/A	辛二酸	351.295 567
乙基丙二酸	N/A	琥珀酸	99 289.655 2
吲哚-3-乙酸	N/A	酒石酸	10 620.492 6
山楂酸	N/A	2-羟基-2-甲基丁酸	617.345 813
苯甲酸	N/A	4-氨基丁酸	45 388.374 4
3-（3-羟基苯基）-3-羟基丙酸	N/A	4-香豆酸	73.883 546 8
3-羟基马尿酸	N/A	对羟基苯甲酸	255.102 463
马尿酸	N/A	咖啡酸	23.679 605 9
乙酰丙酸	N/A	阿魏酸	45.176 650 2
甲基丙二酸	N/A	没食子酸	984.005 911
新绿原酸	N/A	丙酮酸	873.144 828
吲哚-2-羧酸	N/A	莽草酸	57 552.413 8
甲基丁二酸	N/A	牛磺酸	34.564 433 5
3,4-二羟基苯乙酸	N/A	DL-3-苯基乳酸	142.974 384
氢化肉桂酸	N/A	3-甲基己二酸	66.496 847 3
鼠尾草酸	N/A	邻羟基苯乙酸	10.122 266
柠康酸	N/A	5-羟甲基-2-呋喃甲酸	73.177 931
隐绿原酸	N/A	癸二酸	209.324 138
3-羟基苯乙酸	N/A	氯氨酮	N/A
高香草酸	N/A	马来酸	N/A
3-羟基-3-甲基谷氨酸	N/A		

二、糖含量

化合物中文名称	含量（mg/g）	化合物中文名称	含量（mg/g）
苯基-β-D-吡喃葡萄糖苷	N/A	1,5-酐-D-山梨糖醇	0.434 489 164
D-纤维二糖	0.090 247 265 2	D-甘露糖-6-磷酸钠	0.071 662 538 7
海藻糖	0.008 344 891 64	1,6-脱水-β-D-葡萄糖	0.403 176 471
蔗糖	275.719 298	肌醇	4.708 565 53
麦芽糖	0.095 805 366 4	D-葡萄糖醛酸	0.023 500 722 4
乳糖	N/A	葡萄糖	71.922 600 6
2-脱氧-D-葡萄糖	N/A	D-半乳糖醛酸	0.660 707 946
2-脱氧-D-核糖	N/A	D-半乳糖	0.164 726 522
D-甘露糖	N/A	L-岩藻糖	0.272 385 965
D-核糖	N/A	D-果糖	147.105 676
D-(+)-核糖酸-1,4-内酯	0.007 304 148 61	D-阿拉伯糖	0.032 079 463 4
D-木酮糖	0.005 068 317 85	阿拉伯糖醇	0.016 041 671 8
D-木糖	0.100 885 036	N-乙酰氨基葡萄糖	0.010 138 699 7
木糖醇	0.007 737 420 02	甲基 β-D-吡喃半乳糖苷	0.036 745 717 2
D-山梨醇	0.030 397 729 6	L-鼠李糖	0.023 423 116 6
D-核糖-5-磷酸钡盐	0.080 159 958 7	棉子糖	N/A

三、花青素含量

化合物中文名称	含量（μg/g）	化合物中文名称	含量（μg/g）
矢车菊素-3-O-(6″-O-乙酰)葡萄糖苷	N/A	芍药花素-3-O-(6″-O-乙酰-丙二酰)葡萄糖苷	N/A
矢车菊素-3-O-(6″-对香豆酰)半乳糖苷	N/A	芍药花素-3-O-半乳糖苷	N/A
矢车菊素-3-O-(6″-咖啡酰)鼠李糖苷	0.001 772 883 89	芍药花素-3-O-(乙酰)(丙二酰)半乳糖苷	N/A
矢车菊素-3-O-半乳糖苷	0.002 900 657 24	芍药花素-3-O-(6″-O-乙酰)葡萄糖苷	N/A
矢车菊素-3-O-芸香糖苷	N/A	芍药花素-3-O-葡萄糖苷	N/A
矢车菊素-3-O-葡萄糖苷	N/A	芍药花素-3-O-木糖苷	N/A
飞燕草素-3-O-木糖苷	N/A	矮牵牛素-3-O-阿拉伯糖苷	N/A
飞燕草素-3-O-芸香糖苷	0.007 516 351 32	矮牵牛素-3-O-半乳糖苷	N/A
飞燕草素-3-O-(6″-O-乙酰)半乳糖苷	N/A	原花青素 B4	N/A
飞燕草素-3-O-槐糖苷	N/A	原花青素 B2	N/A
锦葵色素-3-O-木糖苷	N/A	原花青素 B3	0.039 569 607 6
锦葵色素-3-O-鼠李糖苷	N/A	原花青素 B1	1.097 514 44
锦葵色素	N/A	槲皮素-3-O-葡萄糖苷（异槲皮苷）	N/A
锦葵色素-3-O-葡萄糖苷	N/A	柚皮素	0.006 238 060 15
天竺葵素-3-O-半乳糖苷	N/A		

三年芒

一、有机酸含量

化合物中文名称	含量（ng/g）	化合物中文名称	含量（ng/g）
（R）-3-羟基丁酸	36 712.774 3	反式-乌头酸	211 620.298
齐墩果酸	N/A	L-苹果酸	1 584 306.43
戊二酸	8 811.255 88	己二酸	910.314 459
4-羟基马尿酸	N/A	邻氨基苯甲酸	1.470 924 76
乳酸	N/A	壬二酸	706.595 807
对羟基苯乙酸	N/A	顺式-乌头酸	261 514.498
2-羟基-3-甲基丁酸	N/A	富马酸	6 357.650 86
犬尿氨酸	6.168 916 54	3-(4-羟基苯基)乳酸	14.059 267 2
肉桂酸	N/A	α-酮戊二酸	26 567.496 1
3-吲哚乙酸	N/A	泛酸	12 796.140 3
苯乙酰甘氨酸	N/A	L-焦谷氨酸	5 924.010 58
3-羟基异戊酸	N/A	水杨酸	69.114 322 1
5-羟基吲哚-3-乙酸	N/A	辛二酸	121.389 107
乙基丙二酸	N/A	琥珀酸	65 420.454 5
吲哚-3-乙酸	3.537 225 71	酒石酸	9 628.487 46
山楂酸	N/A	2-羟基-2-甲基丁酸	5 064.067 4
苯甲酸	N/A	4-氨基丁酸	88 281.445 9
3-(3-羟基苯基)-3-羟基丙酸	N/A	4-香豆酸	55.662 715 5
3-羟基马尿酸	N/A	对羟基苯甲酸	324.631 661
马尿酸	N/A	咖啡酸	49.190 340 9
乙酰丙酸	N/A	阿魏酸	233.157 328
甲基丙二酸	N/A	没食子酸	3 919.465 13
新绿原酸	N/A	丙酮酸	806.896 552
吲哚-2-羧酸	N/A	莽草酸	36 963.166 1
甲基丁二酸	N/A	牛磺酸	19.027 429 5
3,4-二羟基苯乙酸	N/A	DL-3-苯基乳酸	240.644 592
氢化肉桂酸	N/A	3-甲基己二酸	113.724 53
鼠尾草酸	N/A	邻羟基苯乙酸	20.668 103 4
柠康酸	N/A	5-羟甲基-2-呋喃甲酸	257.453 958
隐绿原酸	N/A	癸二酸	110.005 878
3-羟基苯乙酸	4 447.756 66	氯氨酮	91.004 506 3
高香草酸	N/A	马来酸	N/A
3-羟基-3-甲基谷氨酸	392.277 625		

二、糖含量

化合物中文名称	含量（mg/g）	化合物中文名称	含量（mg/g）
苯基-β-D-吡喃葡萄糖苷	N/A	1,5-酐-D-山梨糖醇	0.420 393 18
D-纤维二糖	0.113 267 803	D-甘露糖-6-磷酸钠	0.058 883 651
海藻糖	0.011 238 194 6	1,6-脱水-β-D-葡萄糖	0.628 593 781
蔗糖	390.250 752	肌醇	7.862 607 82
麦芽糖	0.306 842 528	D-葡萄糖醛酸	0.027 822 668
乳糖	N/A	葡萄糖	92.618 254 8
2-脱氧-D-葡萄糖	N/A	D-半乳糖醛酸	0.114 575 326
2-脱氧-D-核糖	N/A	D-半乳糖	0.447 707 121
D-甘露糖	N/A	L-岩藻糖	0.369 825 476
D-核糖	0.003 643 309 93	D-果糖	138.483 45
D-(+)-核糖酸-1,4-内酯	0.007 368 425 28	D-阿拉伯糖	0.071 063 390 2
D-木酮糖	0.005 356 028 08	阿拉伯糖醇	0.021 364 894 7
D-木糖	0.275 652 959	N-乙酰氨基葡萄糖	0.014 077 111 3
木糖醇	0.008 284 172 52	甲基β-D-吡喃半乳糖苷	0.066 649 348
D-山梨醇	0.030 787 161 5	L-鼠李糖	0.056 506 519 6
D-核糖-5-磷酸钡盐	0.144 771 916	棉子糖	N/A

三、花青素含量

化合物中文名称	含量（μg/g）	化合物中文名称	含量（μg/g）
矢车菊素-3-O-(6″-O-乙酰)葡萄糖苷	N/A	芍药花素-3-O-(6″-O-乙酰-丙二酰)葡萄糖苷	0.001 927 169 73
矢车菊素-3-O-(6″-对香豆酰)半乳糖苷	N/A	芍药花素-3-O-半乳糖苷	N/A
矢车菊素-3-O-(6″-咖啡酰)鼠李糖苷	N/A	芍药花素-3-O-(乙酰)(丙二酰)半乳糖苷	N/A
矢车菊素-3-O-半乳糖苷	0.017 219 219 1	芍药花素-3-O-(6″-O-乙酰)葡萄糖苷	N/A
矢车菊素-3-O-芸香糖苷	N/A	芍药花素-3-O-葡萄糖苷	N/A
矢车菊素-3-O-葡萄糖苷	N/A	芍药花素-3-O-木糖苷	N/A
飞燕草素-3-O-木糖苷	N/A	矮牵牛素-3-O-阿拉伯糖苷	N/A
飞燕草素-3-O-芸香糖苷	0.009 291 381 75	矮牵牛素-3-O-半乳糖苷	N/A
飞燕草素-3-O-(6″-O-乙酰)半乳糖苷	N/A	原花青素 B4	N/A
飞燕草素-3-O-槐糖苷	N/A	原花青素 B2	0.063 141 007 5
锦葵色素-3-O-木糖苷	N/A	原花青素 B3	0.027 756 220 9
锦葵色素-3-O-鼠李糖苷	N/A	原花青素 B1	0.551 128 869
锦葵色素	N/A	槲皮素-3-O-葡萄糖苷（异槲皮苷）	N/A
锦葵色素-3-O-葡萄糖苷	N/A	柚皮素	N/A
天竺葵素-3-O-半乳糖苷	0.021 262 795 9		

生吃芒

一、有机酸含量

化合物中文名称	含量（ng/g）	化合物中文名称	含量（ng/g）
（R）-3-羟基丁酸	10 990.507 6	反式-乌头酸	150 792.329
齐墩果酸	4.390 120 11	L-苹果酸	1 775 009.69
戊二酸	N/A	己二酸	145.033 902
4-羟基马尿酸	N/A	邻氨基苯甲酸	1.431 373 5
乳酸	6 448.111 2	壬二酸	543.807 633
对羟基苯乙酸	N/A	顺式-乌头酸	500 806.858
2-羟基-3-甲基丁酸	N/A	富马酸	13 165.633 5
犬尿氨酸	N/A	3-（4-羟基苯基）乳酸	48.662 243 3
肉桂酸	N/A	α-酮戊二酸	8 817.599 77
3-吲哚乙酸	N/A	泛酸	4 329.048 82
苯乙酰甘氨酸	3.504 659 05	L-焦谷氨酸	1 825.348 7
3-羟基异戊酸	N/A	水杨酸	31.348 217 7
5-羟基吲哚-3-乙酸	N/A	辛二酸	183.045 331
乙基丙二酸	N/A	琥珀酸	79 729.077 9
吲哚-3-乙酸	N/A	酒石酸	9 575.455 25
山楂酸	N/A	2-羟基-2-甲基丁酸	809.043 975
苯甲酸	N/A	4-氨基丁酸	117 362.456
3-（3-羟基苯基）-3-羟基丙酸	N/A	4-香豆酸	63.670 960 9
3-羟基马尿酸	N/A	对羟基苯甲酸	2 015.865 94
马尿酸	N/A	咖啡酸	44.307 826 4
乙酰丙酸	N/A	阿魏酸	66.816 931 4
甲基丙二酸	N/A	没食子酸	2 847.936 85
新绿原酸	N/A	丙酮酸	960.404 882
吲哚-2-羧酸	N/A	莽草酸	52 300.271 2
甲基丁二酸	N/A	牛磺酸	30.518 016 3
3,4-二羟基苯乙酸	N/A	DL-3-苯基乳酸	14.383 766
氢化肉桂酸	N/A	3-甲基己二酸	61.340 081 4
鼠尾草酸	N/A	邻羟基苯乙酸	0.292 599 768
柠康酸	N/A	5-羟甲基-2-呋喃甲酸	48.611 100 3
隐绿原酸	N/A	癸二酸	89.362 262 7
3-羟基苯乙酸	4 223.179	氯氨酮	3.053 516 08
高香草酸	N/A	马来酸	N/A
3-羟基-3-甲基谷氨酸	453.644 905		

二、糖含量

化合物中文名称	含量（mg/g）	化合物中文名称	含量（mg/g）
苯基-β-D-吡喃葡萄糖苷	N/A	1,5-酐-D-山梨糖醇	0.342 592 63
D-纤维二糖	0.119 429 985	D-甘露糖-6-磷酸钠	0.069 080 060 6
海藻糖	0.008 446 198 89	1,6-脱水-β-D-葡萄糖	0.491 458 859
蔗糖	333.494 195	肌醇	1.945 516 41
麦芽糖	0.556 008 077	D-葡萄糖醛酸	0.020 639 878 8
乳糖	N/A	葡萄糖	55.664 815 7
2-脱氧-D-葡萄糖	N/A	D-半乳糖醛酸	0.061 522 463 4
2-脱氧-D-核糖	N/A	D-半乳糖	0.167 358 506
D-甘露糖	N/A	L-岩藻糖	0.432 803 635
D-核糖	N/A	D-果糖	80.878 142 4
D-(+)-核糖酸-1,4-内酯	0.006 438 081 78	D-阿拉伯糖	0.015 702 655 2
D-木酮糖	0.005 060 454 32	阿拉伯糖醇	0.017 900 676 4
D-木糖	0.065 820 898 5	N-乙酰氨基葡萄糖	0.007 271 519 43
木糖醇	0.008 018 394 75	甲基β-D-吡喃半乳糖苷	0.042 126 804 6
D-山梨醇	0.042 004 846	L-鼠李糖	0.025 923 271 1
D-核糖-5-磷酸钡盐	0.083 668 854 1	棉子糖	N/A

三、花青素含量

化合物中文名称	含量（μg/g）	化合物中文名称	含量（μg/g）
矢车菊素-3-O-(6″-O-乙酰)葡萄糖苷	N/A	芍药花素-3-O-(6″-O-乙酰-丙二酰)葡萄糖苷	N/A
矢车菊素-3-O-(6″-对香豆酰)半乳糖苷	N/A	芍药花素-3-O-半乳糖苷	N/A
矢车菊素-3-O-(6″-咖啡酰)鼠李糖苷	N/A	芍药花素-3-O-(乙酰)(丙二酰)半乳糖苷	N/A
矢车菊素-3-O-半乳糖苷	0.015 695 981	芍药花素-3-O-(6″-O-乙酰)葡萄糖苷	N/A
矢车菊素-3-O-芸香糖苷	N/A	芍药花素-3-O-葡萄糖苷	N/A
矢车菊素-3-O-葡萄糖苷	N/A	芍药花素-3-O-木糖苷	N/A
飞燕草素-3-O-木糖苷	N/A	矮牵牛素-3-O-阿拉伯糖苷	N/A
飞燕草素-3-O-芸香糖苷	0.007 198 198 38	矮牵牛素-3-O-半乳糖苷	N/A
飞燕草素-3-O-(6″-O-乙酰)半乳糖苷	N/A	原花青素 B4	0.023 077 212 4
飞燕草素-3-O-槐糖苷	N/A	原花青素 B2	0.061 131 261 1
锦葵色素-3-O-木糖苷	N/A	原花青素 B3	0.057 766 382 9
锦葵色素-3-O-鼠李糖苷	N/A	原花青素 B1	0.949 609 978
锦葵色素	N/A	槲皮素-3-O-葡萄糖苷（异槲皮苷）	N/A
锦葵色素-3-O-葡萄糖苷	0.008 184 517 92	柚皮素	0.024 882 201 5
天竺葵素-3-O-半乳糖苷	N/A		

四季芒

一、有机酸含量

化合物中文名称	含量（ng/g）	化合物中文名称	含量（ng/g）
（R）-3-羟基丁酸	3 172.031 66	反式-乌头酸	N/A
齐墩果酸	13.722 041 8	L-苹果酸	1 151 014.82
戊二酸	508.332 657	己二酸	30.227 420 3
4-羟基马尿酸	N/A	邻氨基苯甲酸	7.701 329 41
乳酸	4 662.817 13	壬二酸	1 374.041
对羟基苯乙酸	N/A	顺式-乌头酸	514 330.221
2-羟基-3-甲基丁酸	N/A	富马酸	5 958.169 27
犬尿氨酸	N/A	3-(4-羟基苯基)乳酸	16.616 602 4
肉桂酸	N/A	α-酮戊二酸	16 848.690 9
3-吲哚乙酸	N/A	泛酸	8 759.417 5
苯乙酰甘氨酸	N/A	L-焦谷氨酸	2 511.680 54
3-羟基异戊酸	N/A	水杨酸	295.127 867
5-羟基吲哚-3-乙酸	N/A	辛二酸	265.789 527
乙基丙二酸	N/A	琥珀酸	46 043.434 1
吲哚-3-乙酸	N/A	酒石酸	8 690.592 65
山楂酸	N/A	2-羟基-2-甲基丁酸	2 066.805 36
苯甲酸	N/A	4-氨基丁酸	55 329.003 5
3-(3-羟基苯基)-3-羟基丙酸	N/A	4-香豆酸	465.164 4
3-羟基马尿酸	N/A	对羟基苯甲酸	914.062 31
马尿酸	N/A	咖啡酸	280.075 096
乙酰丙酸	N/A	阿魏酸	314.968 541
甲基丙二酸	N/A	没食子酸	3 266.216 76
新绿原酸	N/A	丙酮酸	273.827 887
吲哚-2-羧酸	N/A	莽草酸	18 579.155 7
甲基丁二酸	N/A	牛磺酸	28.021 615 6
3,4-二羟基苯乙酸	N/A	DL-3-苯基乳酸	57.685 812 9
氢化肉桂酸	N/A	3-甲基己二酸	17.243 251 5
鼠尾草酸	N/A	邻羟基苯乙酸	N/A
柠康酸	N/A	5-羟甲基-2-呋喃甲酸	N/A
隐绿原酸	N/A	癸二酸	N/A
3-羟基苯乙酸	6 195.088 29	氯氨酮	635.321 697
高香草酸	N/A	马来酸	N/A
3-羟基-3-甲基谷氨酸	104.031 865		

二、糖含量

化合物中文名称	含量（mg/g）	化合物中文名称	含量（mg/g）
苯基-β-D-吡喃葡萄糖苷	N/A	1,5-酐-D-山梨糖醇	0.649 16
D-纤维二糖	0.206 36	D-甘露糖-6-磷酸钠	0.061 3
海藻糖	0.010 475 54	1,6-脱水-β-D-葡萄糖	0.293 454
蔗糖	269.98	肌醇	2.107 76
麦芽糖	0.071 281 4	D-葡萄糖醛酸	0.028 191 2
乳糖	N/A	葡萄糖	44.940 6
2-脱氧-D-葡萄糖	N/A	D-半乳糖醛酸	0.510 588
2-脱氧-D-核糖	N/A	D-半乳糖	0.143 282 2
D-甘露糖	N/A	L-岩藻糖	0.359 708
D-核糖	N/A	D-果糖	211.48
D-(+)-核糖酸-1,4-内酯	0.006 380 94	D-阿拉伯糖	0.024 242 8
D-木酮糖	0.008 533 36	阿拉伯糖醇	0.016 230 06
D-木糖	0.267 3	N-乙酰氨基葡萄糖	0.007 376 82
木糖醇	0.008 462 88	甲基 β-D-吡喃半乳糖苷	0.028 412 6
D-山梨醇	0.047 888	L-鼠李糖	0.032 763 2
D-核糖-5-磷酸钡盐	0.036 028	棉子糖	N/A

三、花青素含量

化合物中文名称	含量（μg/g）	化合物中文名称	含量（μg/g）
矢车菊素-3-O-(6″-O-乙酰)葡萄糖苷	N/A	芍药花素-3-O-(6″-O-乙酰-丙二酰)葡萄糖苷	N/A
矢车菊素-3-O-(6″-对香豆酰)半乳糖苷	N/A	芍药花素-3-O-半乳糖苷	N/A
矢车菊素-3-O-(6″-咖啡酰)鼠李糖苷	N/A	芍药花素-3-O-(乙酰)(丙二酰)半乳糖苷	N/A
矢车菊素-3-O-半乳糖苷	0.006 115 461 89	芍药花素-3-O-(6″-O-乙酰)葡萄糖苷	N/A
矢车菊素-3-O-芸香糖苷	N/A	芍药花素-3-O-葡萄糖苷	N/A
矢车菊素-3-O-葡萄糖苷	N/A	芍药花素-3-O-木糖苷	N/A
飞燕草素-3-O-木糖苷	N/A	矮牵牛素-3-O-阿拉伯糖苷	N/A
飞燕草素-3-O-芸香糖苷	N/A	矮牵牛素-3-O-半乳糖苷	N/A
飞燕草素-3-O-(6″-O-乙酰)半乳糖苷	N/A	原花青素 B4	N/A
飞燕草素-3-O-槐糖苷	N/A	原花青素 B2	N/A
锦葵色素-3-O-木糖苷	N/A	原花青素 B3	N/A
锦葵色素-3-O-鼠李糖苷	N/A	原花青素 B1	0.197 350 798
锦葵色素	N/A	槲皮素-3-O-葡萄糖苷（异槲皮苷）	N/A
锦葵色素-3-O-葡萄糖苷	0.003 402 225 72	柚皮素	N/A
天竺葵素-3-O-半乳糖苷	N/A		

四季蜜芒

一、有机酸含量

化合物中文名称	含量（ng/g）	化合物中文名称	含量（ng/g）
（R）-3-羟基丁酸	1 486.309 52	反式-乌头酸	267 853.303
齐墩果酸	19.621 735 8	L-苹果酸	1 602 188.94
戊二酸	1 631.950 84	己二酸	125.220 814
4-羟基马尿酸	4.150 384 02	邻氨基苯甲酸	1.179 435 48
乳酸	N/A	壬二酸	2 275.355 22
对羟基苯乙酸	N/A	顺式-乌头酸	132 701.613
2-羟基-3-甲基丁酸	N/A	富马酸	3 165.312 98
犬尿氨酸	N/A	3-（4-羟基苯基）乳酸	3.933 947 77
肉桂酸	N/A	α-酮戊二酸	6 565.303 38
3-吲哚乙酸	N/A	泛酸	10 884.216 6
苯乙酰甘氨酸	N/A	L-焦谷氨酸	6 224.270 35
3-羟基异戊酸	N/A	水杨酸	16.476 670 5
5-羟基吲哚-3-乙酸	N/A	辛二酸	790.777 65
乙基丙二酸	N/A	琥珀酸	32 490.687 4
吲哚-3-乙酸	N/A	酒石酸	8 522.321 43
山楂酸	N/A	2-羟基-2-甲基丁酸	4 178.821 04
苯甲酸	N/A	4-氨基丁酸	31 120.871 7
3-（3-羟基苯基）-3-羟基丙酸	N/A	4-香豆酸	46.377 112 1
3-羟基马尿酸	N/A	对羟基苯甲酸	128.629 992
马尿酸	N/A	咖啡酸	212.670 891
乙酰丙酸	N/A	阿魏酸	124.409 562
甲基丙二酸	N/A	没食子酸	1 922.388 63
新绿原酸	N/A	丙酮酸	655.581 797
吲哚-2-羧酸	N/A	莽草酸	27 440.092 2
甲基丁二酸	N/A	牛磺酸	10.903 417 8
3,4-二羟基苯乙酸	N/A	DL-3-苯基乳酸	207.475 038
氢化肉桂酸	N/A	3-甲基己二酸	55.299 251 2
鼠尾草酸	N/A	邻羟基苯乙酸	11.581 509 2
柠康酸	N/A	5-羟甲基-2-呋喃甲酸	124.285 714
隐绿原酸	N/A	癸二酸	89.885 368 7
3-羟基苯乙酸	N/A	氯氨酮	9.858 486 94
高香草酸	N/A	马来酸	N/A
3-羟基-3-甲基谷氨酸	70.248 079 9		

二、糖含量

化合物中文名称	含量（mg/g）	化合物中文名称	含量（mg/g）
苯基-β-D-吡喃葡萄糖苷	N/A	1,5-酐-D-山梨糖醇	0.183 019 394
D-纤维二糖	0.089 026 666 7	D-甘露糖-6-磷酸钠	0.057 329 494 9
海藻糖	0.009 114 505 05	1,6-脱水-β-D-葡萄糖	0.409 846 465
蔗糖	311.650 505	肌醇	2.343 575 76
麦芽糖	0.279 917 172	D-葡萄糖醛酸	0.022 616 36 36
乳糖	N/A	葡萄糖	94.669 899
2-脱氧-D-葡萄糖	N/A	D-半乳糖醛酸	0.345 721 212
2-脱氧-D-核糖	N/A	D-半乳糖	0.139 204 242
D-甘露糖	N/A	L-岩藻糖	0.232 290 909
D-核糖	N/A	D-果糖	130.834 949
D-（+）-核糖酸-1,4-内酯	0.007 716 161 62	D-阿拉伯糖	0.019 664 242 4
D-木酮糖	0.006 843 535 35	阿拉伯糖醇	0.017 467 959 6
D-木糖	0.098 148 484 8	N-乙酰氨基葡萄糖	0.010 731 171 7
木糖醇	0.010 026 888 9	甲基β-D-吡喃半乳糖苷	0.087 206 060 6
D-山梨醇	0.018 228 282 8	L-鼠李糖	0.021 898 989 9
D-核糖-5-磷酸钡盐	0.055 605 454 5	棉子糖	N/A

三、花青素含量

化合物中文名称	含量（μg/g）	化合物中文名称	含量（μg/g）
矢车菊素-3-O-（6″-O-乙酰）葡萄糖苷	N/A	芍药花素-3-O-（6″-O-乙酰-丙二酰）葡萄糖苷	N/A
矢车菊素-3-O-（6″-对香豆酰）半乳糖苷	N/A	芍药花素-3-O-半乳糖苷	N/A
矢车菊素-3-O-（6″-咖啡酰）鼠李糖苷	N/A	芍药花素-3-O-（乙酰）（丙二酰）半乳糖苷	N/A
矢车菊素-3-O-半乳糖苷	0.006 964 556 21	芍药花素-3-O-（6″-O-乙酰）葡萄糖苷	N/A
矢车菊素-3-O-芸香糖苷	N/A	芍药花素-3-O-葡萄糖苷	N/A
矢车菊素-3-O-葡萄糖苷	N/A	芍药花素-3-O-木糖苷	N/A
飞燕草素-3-O-木糖苷	N/A	矮牵牛素-3-O-阿拉伯糖苷	N/A
飞燕草素-3-O-芸香糖苷	N/A	矮牵牛素-3-O-半乳糖苷	N/A
飞燕草素-3-O-（6″-O-乙酰）半乳糖苷	N/A	原花青素 B4	N/A
飞燕草素-3-O-槐糖苷	N/A	原花青素 B2	N/A
锦葵色素-3-O-木糖苷	N/A	原花青素 B3	0.025 359 368 8
锦葵色素-3-O-鼠李糖苷	N/A	原花青素 B1	0.130 250 296
锦葵色素	N/A	槲皮素-3-O-葡萄糖苷（异槲皮苷）	N/A
锦葵色素-3-O-葡萄糖苷	0.004 949 921 1	柚皮素	N/A
天竺葵素-3-O-半乳糖苷	N/A		

圣心芒

一、有机酸含量

化合物中文名称	含量（ng/g）	化合物中文名称	含量（ng/g）
（R）-3-羟基丁酸	117 492.798	反式-乌头酸	137 173.036
齐墩果酸	11.714 903	L-苹果酸	1 411 177.26
戊二酸	3 319.848 28	己二酸	2 522.575 38
4-羟基马尿酸	N/A	邻氨基苯甲酸	0.709 411 369
乳酸	N/A	壬二酸	538.870 751
对羟基苯乙酸	N/A	顺式-乌头酸	60 803.629 7
2-羟基-3-甲基丁酸	12.387 651 2	富马酸	9 802.381 41
犬尿氨酸	11.555 118 1	3-（4-羟基苯基）乳酸	41.907 432 3
肉桂酸	N/A	α-酮戊二酸	10 976.281 9
3-吲哚乙酸	N/A	泛酸	5 508.219 7
苯乙酰甘氨酸	N/A	L-焦谷氨酸	773.513 539
3-羟基异戊酸	N/A	水杨酸	50.372 191 3
5-羟基吲哚-3-乙酸	N/A	辛二酸	557.416 939
乙基丙二酸	1 183.358 94	琥珀酸	31 375.744 2
吲哚-3-乙酸	N/A	酒石酸	9 407.240 25
山楂酸	N/A	2-羟基-2-甲基丁酸	105.700 019
苯甲酸	N/A	4-氨基丁酸	20 509.602 5
3-（3-羟基苯基）-3-羟基丙酸	N/A	4-香豆酸	105.467 64
3-羟基马尿酸	N/A	对羟基苯甲酸	179.271 173
马尿酸	N/A	咖啡酸	52.009 698 5
乙酰丙酸	N/A	阿魏酸	57.794 699 4
甲基丙二酸	N/A	没食子酸	2 099.164 59
新绿原酸	N/A	丙酮酸	702.732 86
吲哚-2-羧酸	N/A	莽草酸	105 138.275
甲基丁二酸	N/A	牛磺酸	25.026 214 7
3,4-二羟基苯乙酸	N/A	DL-3-苯基乳酸	582.136 547
氢化肉桂酸	N/A	3-甲基己二酸	96.969 464 2
鼠尾草酸	N/A	邻羟基苯乙酸	61.903 207 2
柠康酸	N/A	5-羟甲基-2-呋喃甲酸	109.568 85
隐绿原酸	N/A	癸二酸	42.706 356 8
3-羟基苯乙酸	N/A	氯氨酮	2.824 111 77
高香草酸	N/A	马来酸	N/A
3-羟基-3-甲基谷氨酸	220.185 327		

二、糖含量

化合物中文名称	含量（mg/g）	化合物中文名称	含量（mg/g）
苯基-β-D-吡喃葡萄糖苷	N/A	1,5-酐-D-山梨糖醇	1.476 162
D-纤维二糖	0.093 727 6	D-甘露糖-6-磷酸钠	0.034 955 6
海藻糖	0.013 745 76	1,6-脱水-β-D-葡萄糖	0.395 504
蔗糖	242.122	肌醇	8.418 56
麦芽糖	0.065 835 2	D-葡萄糖醛酸	0.028 245 8
乳糖	N/A	葡萄糖	115.620 2
2-脱氧-D-葡萄糖	N/A	D-半乳糖醛酸	0.096 446 4
2-脱氧-D-核糖	N/A	D-半乳糖	0.385 946
D-甘露糖	N/A	L-岩藻糖	0.394 144
D-核糖	N/A	D-果糖	154.464 2
D-(+)-核糖酸-1,4-内酯	0.007 931 06	D-阿拉伯糖	0.044 749 8
D-木酮糖	0.007 484 8	阿拉伯糖醇	0.020 317
D-木糖	0.567 758	N-乙酰氨基葡萄糖	0.006 580 7
木糖醇	0.010 351 4	甲基 β-D-吡喃半乳糖苷	0.103 651
D-山梨醇	0.017 935 92	L-鼠李糖	0.023 863 2
D-核糖-5-磷酸钡盐	0.031 197 8	棉子糖	N/A

三、花青素含量

化合物中文名称	含量（μg/g）	化合物中文名称	含量（μg/g）
矢车菊素-3-O-(6″-O-乙酰)葡萄糖苷	N/A	芍药花素-3-O-(6″-O-乙酰-丙二酰)葡萄糖苷	0.014 977 684 5
矢车菊素-3-O-(6″-对香豆酰)半乳糖苷	N/A	芍药花素-3-O-半乳糖苷	N/A
矢车菊素-3-O-(6″-咖啡酰)鼠李糖苷	N/A	芍药花素-3-O-(乙酰)(丙二酰)半乳糖苷	N/A
矢车菊素-3-O-半乳糖苷	0.010 623 295 3	芍药花素-3-O-(6″-O-乙酰)葡萄糖苷	N/A
矢车菊素-3-O-芸香糖苷	N/A	芍药花素-3-O-葡萄糖苷	N/A
矢车菊素-3-O-葡萄糖苷	N/A	芍药花素-3-O-木糖苷	0.004 802 899 42
飞燕草素-3-O-木糖苷	N/A	矮牵牛素-3-O-阿拉伯糖苷	N/A
飞燕草素-3-O-芸香糖苷	N/A	矮牵牛素-3-O-半乳糖苷	N/A
飞燕草素-3-O-(6″-O-乙酰)半乳糖苷	N/A	原花青素 B4	0.897 670 466
飞燕草素-3-O-槐糖苷	N/A	原花青素 B2	1.630 025 99
锦葵色素-3-O-木糖苷	N/A	原花青素 B3	3.158 168 37
锦葵色素-3-O-鼠李糖苷	N/A	原花青素 B1	95.883 223 4
锦葵色素	N/A	槲皮素-3-O-葡萄糖苷（异槲皮苷）	0.831 171 766
锦葵色素-3-O-葡萄糖苷	0.010 627 514 5	柚皮素	0.009 227 554 49
天竺葵素-3-O-半乳糖苷	N/A		

硕帅芒

一、有机酸含量

化合物中文名称	含量（ng/g）	化合物中文名称	含量（ng/g）
（R）-3-羟基丁酸	19 156.895 1	反式-乌头酸	156 101.363
齐墩果酸	12.156 791 9	L-苹果酸	2 243 672.58
戊二酸	1 043.806 77	己二酸	172.228 53
4-羟基马尿酸	N/A	邻氨基苯甲酸	0.983 184 352
乳酸	N/A	壬二酸	555.540 875
对羟基苯乙酸	N/A	顺式-乌头酸	100 251.135
2-羟基-3-甲基丁酸	N/A	富马酸	7 414.863 75
犬尿氨酸	N/A	3-（4-羟基苯基）乳酸	5.953 798 51
肉桂酸	N/A	α-酮戊二酸	22 623.348 5
3-吲哚乙酸	N/A	泛酸	9 919.591 25
苯乙酰甘氨酸	N/A	L-焦谷氨酸	11 373.245 3
3-羟基异戊酸	N/A	水杨酸	21.739 058 6
5-羟基吲哚-3-乙酸	N/A	辛二酸	198.097 647
乙基丙二酸	N/A	琥珀酸	49 853.426 9
吲哚-3-乙酸	N/A	酒石酸	9 690.328 24
山楂酸	N/A	2-羟基-2-甲基丁酸	1 868.548 72
苯甲酸	N/A	4-氨基丁酸	57 713.872 8
3-（3-羟基苯基）-3-羟基丙酸	N/A	4-香豆酸	260.422 172
3-羟基马尿酸	N/A	对羟基苯甲酸	71.430 739 1
马尿酸	N/A	咖啡酸	56.706 544 2
乙酰丙酸	N/A	阿魏酸	111.952 931
甲基丙二酸	N/A	没食子酸	1 316.37 077
新绿原酸	N/A	丙酮酸	1 308.061 52
吲哚-2-羧酸	N/A	莽草酸	46 697.873 7
甲基丁二酸	N/A	牛磺酸	33.442 815 9
3,4-二羟基苯乙酸	N/A	DL-3-苯基乳酸	108.083 196
氢化肉桂酸	N/A	3-甲基己二酸	16.599 917 4
鼠尾草酸	N/A	邻羟基苯乙酸	23.005 161
柠康酸	N/A	5-羟甲基-2-呋喃甲酸	N/A
隐绿原酸	N/A	癸二酸	N/A
3-羟基苯乙酸	3 520.881 5	氯氨酮	25.346 511 1
高香草酸	N/A	马来酸	N/A
3-羟基-3-甲基谷氨酸	N/A		

二、糖含量

化合物中文名称	含量（mg/g）	化合物中文名称	含量（mg/g）
苯基-β-D-吡喃葡萄糖苷	N/A	1,5-酐-D-山梨糖醇	0.383 651 357
D-纤维二糖	0.083 977 453	D-甘露糖-6-磷酸钠	0.062 126 513 6
海藻糖	0.010 133 737	1,6-脱水-β-D-葡萄糖	0.291 363 257
蔗糖	288.308 977	肌醇	4.997 807 93
麦芽糖	0.120 889 562	D-葡萄糖醛酸	0.019 524 071
乳糖	N/A	葡萄糖	104.138 622
2-脱氧-D-葡萄糖	N/A	D-半乳糖醛酸	0.017 338 851 8
2-脱氧-D-核糖	N/A	D-半乳糖	0.169 294 363
D-甘露糖	N/A	L-岩藻糖	0.314 509 395
D-核糖	N/A	D-果糖	138.354 489
D-(+)-核糖酸-1,4-内酯	0.007 471 294 36	D-阿拉伯糖	0.025 716 492 7
D-木酮糖	0.005 841 565 76	阿拉伯糖醇	0.017 988 643
D-木糖	0.131 272 234	N-乙酰氨基葡萄糖	0.012 962 943 6
木糖醇	0.007 432 901 88	甲基β-D-吡喃半乳糖苷	0.062 813 152 4
D-山梨醇	0.023 179 540 7	L-鼠李糖	0.016 823 820 5
D-核糖-5-磷酸钡盐	0.062 497 703 5	棉子糖	N/A

三、花青素含量

化合物中文名称	含量（μg/g）	化合物中文名称	含量（μg/g）
矢车菊素-3-O-(6″-O-乙酰)葡萄糖苷	N/A	芍药花素-3-O-(6″-O-乙酰-丙二酰)葡萄糖苷	0.002 252 978 25
矢车菊素-3-O-(6″-对香豆酰)半乳糖苷	N/A	芍药花素-3-O-半乳糖苷	N/A
矢车菊素-3-O-(6″-咖啡酰)鼠李糖苷	N/A	芍药花素-3-O-(乙酰)(丙二酰)半乳糖苷	N/A
矢车菊素-3-O-半乳糖苷	0.015 253 649 1	芍药花素-3-O-(6″-O-乙酰)葡萄糖苷	N/A
矢车菊素-3-O-芸香糖苷	N/A	芍药花素-3-O-葡萄糖苷	N/A
矢车菊素-3-O-葡萄糖苷	N/A	芍药花素-3-O-木糖苷	N/A
飞燕草素-3-O-木糖苷	N/A	矮牵牛素-3-O-阿拉伯糖苷	N/A
飞燕草素-3-O-芸香糖苷	0.009 439 337 26	矮牵牛素-3-O-半乳糖苷	N/A
飞燕草素-3-O-(6″-O-乙酰)半乳糖苷	N/A	原花青素 B4	0.025 149 623 9
飞燕草素-3-O-槐糖苷	N/A	原花青素 B2	0.025 598 089
锦葵色素-3-O-木糖苷	N/A	原花青素 B3	0.048 528 766
锦葵色素-3-O-鼠李糖苷	N/A	原花青素 B1	1.706 698 52
锦葵色素	N/A	槲皮素-3-O-葡萄糖苷（异槲皮苷）	N/A
锦葵色素-3-O-葡萄糖苷	0.009 727 851 19	柚皮素	N/A
天竺葵素-3-O-半乳糖苷	N/A		

泰国芒

一、有机酸含量

化合物中文名称	含量（ng/g）	化合物中文名称	含量（ng/g）
（R）-3-羟基丁酸	19 728.626 8	反式-乌头酸	159 424.607
齐墩果酸	N/A	L-苹果酸	1 403 978.78
戊二酸	12 020.710 1	己二酸	207.340 339
4-羟基马尿酸	1.772 158 74	邻氨基苯甲酸	1.343 225 87
乳酸	N/A	壬二酸	341.594 573
对羟基苯乙酸	N/A	顺式-乌头酸	233 296.266
2-羟基-3-甲基丁酸	N/A	富马酸	2 660.416 24
犬尿氨酸	2.706 763 93	3-（4-羟基苯基）乳酸	14.342 277 1
肉桂酸	N/A	α-酮戊二酸	11 875.025 5
3-吲哚乙酸	N/A	泛酸	12 322.077 1
苯乙酰甘氨酸	N/A	L-焦谷氨酸	4 250.285 66
3-羟基异戊酸	N/A	水杨酸	82.054 070 6
5-羟基吲哚-3-乙酸	N/A	辛二酸	59.905 529 5
乙基丙二酸	N/A	琥珀酸	47 461.946 5
吲哚-3-乙酸	N/A	酒石酸	9 457.804 53
山楂酸	N/A	2-羟基-2-甲基丁酸	264.942 869
苯甲酸	N/A	4-氨基丁酸	75 521.016 1
3-（3-羟基苯基）-3-羟基丙酸	N/A	4-香豆酸	80.698 224 9
3-羟基马尿酸	N/A	对羟基苯甲酸	238.714 548
马尿酸	N/A	咖啡酸	34.012 446 4
乙酰丙酸	N/A	阿魏酸	91.899 816 4
甲基丙二酸	N/A	没食子酸	1 807.671 9
新绿原酸	N/A	丙酮酸	860.099 98
吲哚-2-羧酸	N/A	莽草酸	8 502.887 17
甲基丁二酸	N/A	牛磺酸	15.900 428 5
3,4-二羟基苯乙酸	N/A	DL-3-苯基乳酸	61.622 730 1
氢化肉桂酸	N/A	3-甲基己二酸	34.922 056 7
鼠尾草酸	N/A	邻羟基苯乙酸	28.978 065 7
柠康酸	N/A	5-羟甲基-2-呋喃甲酸	39.173 536
隐绿原酸	N/A	癸二酸	1.580 901 86
3-羟基苯乙酸	N/A	氯氨酮	62.745 766 2
高香草酸	N/A	马来酸	N/A
3-羟基-3-甲基谷氨酸	190.756 988		

二、糖含量

化合物中文名称	含量（mg/g）	化合物中文名称	含量（mg/g）
苯基-β-D-吡喃葡萄糖苷	N/A	1,5-酐-D-山梨糖醇	0.281 984 283
D-纤维二糖	0.132 464 44	D-甘露糖-6-磷酸钠	0.061 942 632 6
海藻糖	0.008 484 420 43	1,6-脱水-β-D-葡萄糖	0.384 677 8
蔗糖	248.950 884	肌醇	1.723 302 55
麦芽糖	1.245 697 45	D-葡萄糖醛酸	0.015 044 440 1
乳糖	N/A	葡萄糖	61.124 558
2-脱氧-D-葡萄糖	N/A	D-半乳糖醛酸	0.265 469 548
2-脱氧-D-核糖	N/A	D-半乳糖	0.085 302 357 6
D-甘露糖	N/A	L-岩藻糖	0.190 807 466
D-核糖	N/A	D-果糖	121.332 22
D-(+)-核糖酸-1,4-内酯	0.006 486 051 08	D-阿拉伯糖	0.017 633 045 2
D-木酮糖	0.004 316 188 61	阿拉伯糖醇	0.016 707 858 5
D-木糖	0.050 216 306 5	N-乙酰氨基葡萄糖	0.008 596 994 11
木糖醇	0.007 404 223 97	甲基β-D-吡喃半乳糖苷	0.054 204 322 2
D-山梨醇	0.019 827 701 4	L-鼠李糖	0.027 274 852 7
D-核糖-5-磷酸钡盐	0.044 679 960 7	棉子糖	N/A

三、花青素含量

化合物中文名称	含量（μg/g）	化合物中文名称	含量（μg/g）
矢车菊素-3-O-(6″-O-乙酰)葡萄糖苷	N/A	芍药花素-3-O-(6″-O-乙酰-丙二酰)葡萄糖苷	0.002 458 977 98
矢车菊素-3-O-(6″-对香豆酰)半乳糖苷	N/A	芍药花素-3-O-半乳糖苷	N/A
矢车菊素-3-O-(6″-咖啡酰)鼠李糖苷	N/A	芍药花素-3-O-(乙酰)(丙二酰)半乳糖苷	N/A
矢车菊素-3-O-半乳糖苷	N/A	芍药花素-3-O-(6″-O-乙酰)葡萄糖苷	N/A
矢车菊素-3-O-芸香糖苷	N/A	芍药花素-3-O-葡萄糖苷	N/A
矢车菊素-3-O-葡萄糖苷	N/A	芍药花素-3-O-木糖苷	N/A
飞燕草素-3-O-木糖苷	0.011 632 579 3	矮牵牛素-3-O-阿拉伯糖苷	N/A
飞燕草素-3-O-芸香糖苷	N/A	矮牵牛素-3-O-半乳糖苷	N/A
飞燕草素-3-O-(6″-O-乙酰)半乳糖苷	N/A	原花青素 B4	0.062 002 625 7
飞燕草素-3-O-槐糖苷	0.015 296 465 4	原花青素 B2	0.054 689 961 6
锦葵色素-3-O-木糖苷	N/A	原花青素 B3	0.280 201 979
锦葵色素-3-O-鼠李糖苷	N/A	原花青素 B1	2.893 839 63
锦葵色素	N/A	槲皮素-3-O-葡萄糖苷（异槲皮苷）	N/A
锦葵色素-3-O-葡萄糖苷	0.005 171 339 12	柚皮素	N/A
天竺葵素-3-O-半乳糖苷	N/A		

台农 1 号

一、有机酸含量

化合物中文名称	含量（ng/g）	化合物中文名称	含量（ng/g）
（R）-3-羟基丁酸	2 605.547 77	反式-乌头酸	98 223.613 1
齐墩果酸	N/A	L-苹果酸	1 668 916.48
戊二酸	2 087.742 84	己二酸	397.985 179
4-羟基马尿酸	N/A	邻氨基苯甲酸	2.209 563 39
乳酸	N/A	壬二酸	1 356.599 24
对羟基苯乙酸	N/A	顺式-乌头酸	187 352.293
2-羟基-3-甲基丁酸	N/A	富马酸	3 280.672 94
犬尿氨酸	N/A	3-（4-羟基苯基）乳酸	11.711 496 1
肉桂酸	N/A	α-酮戊二酸	31 267.274 2
3-吲哚乙酸	N/A	泛酸	15 758.061 3
苯乙酰甘氨酸	N/A	L-焦谷氨酸	3 841.137 59
3-羟基异戊酸	N/A	水杨酸	152.615 662
5-羟基吲哚-3-乙酸	N/A	辛二酸	425.516 723
乙基丙二酸	N/A	琥珀酸	81 270.679
吲哚-3-乙酸	N/A	酒石酸	9 039.104 75
山楂酸	115.439 615	2-羟基-2-甲基丁酸	92.654 316
苯甲酸	N/A	4-氨基丁酸	96 285.7
3-（3-羟基苯基）-3-羟基丙酸	N/A	4-香豆酸	156.763 469
3-羟基马尿酸	N/A	对羟基苯甲酸	205.984 378
马尿酸	N/A	咖啡酸	35.652 613 7
乙酰丙酸	N/A	阿魏酸	23.584 017 6
甲基丙二酸	N/A	没食子酸	810.065 091
新绿原酸	N/A	丙酮酸	915.802 123
吲哚-2-羧酸	N/A	莽草酸	8 620.568 8
甲基丁二酸	N/A	牛磺酸	15.232 725 8
3,4-二羟基苯乙酸	N/A	DL-3-苯基乳酸	1 517.925 1
氢化肉桂酸	N/A	3-甲基己二酸	78.675 245 3
鼠尾草酸	N/A	邻羟基苯乙酸	13.749 248 9
柠康酸	N/A	5-羟甲基-2-呋喃甲酸	98.921 089 5
隐绿原酸	N/A	癸二酸	373.324 655
3-羟基苯乙酸	2 815.762 07	氯氨酮	51.568 896 5
高香草酸	N/A	马来酸	N/A
3-羟基-3-甲基谷氨酸	262.720 809		

二、糖含量

化合物中文名称	含量（mg/g）	化合物中文名称	含量（mg/g）
苯基-β-D-吡喃葡萄糖苷	N/A	1,5-酐-D-山梨糖醇	0.618 968 004
D-纤维二糖	0.098 194 819 7	D-甘露糖-6-磷酸钠	0.060 755 104 1
海藻糖	0.008 612 067 04	1,6-脱水-β-D-葡萄糖	0.262 553 58
蔗糖	243.256 475	肌醇	1.440 438 8
麦芽糖	0.972 692 737	D-葡萄糖醛酸	0.013 296 109 7
乳糖	N/A	葡萄糖	33.656 475 4
2-脱氧-D-葡萄糖	N/A	D-半乳糖醛酸	0.012 185 454 5
2-脱氧-D-核糖	N/A	D-半乳糖	0.059 960 589 1
D-甘露糖	N/A	L-岩藻糖	0.144 886 338
D-核糖	N/A	D-果糖	81.985 576 4
D-(+)-核糖酸-1,4-内酯	0.005 950 370 75	D-阿拉伯糖	0.012 780 253 9
D-木酮糖	0.002 605 830 37	阿拉伯糖醇	0.014 713 275 8
D-木糖	0.035 557 745	N-乙酰氨基葡萄糖	0.008 085 302 18
木糖醇	0.007 179 360 08	甲基β-D-吡喃半乳糖苷	0.027 741 594 7
D-山梨醇	0.019 329 365 2	L-鼠李糖	0.019 493 732 9
D-核糖-5-磷酸钡盐	0.035 743 219 9	棉子糖	N/A

三、花青素含量

化合物中文名称	含量（μg/g）	化合物中文名称	含量（μg/g）
矢车菊素-3-O-(6″-O-乙酰)葡萄糖苷	N/A	芍药花素-3-O-(6″-O-乙酰-丙二酰)葡萄糖苷	N/A
矢车菊素-3-O-(6″-对香豆酰)半乳糖苷	N/A	芍药花素-3-O-半乳糖苷	N/A
矢车菊素-3-O-(6″-咖啡酰)鼠李糖苷	N/A	芍药花素-3-O-(乙酰)(丙二酰)半乳糖苷	N/A
矢车菊素-3-O-半乳糖苷	N/A	芍药花素-3-O-(6″-O-乙酰)葡萄糖苷	N/A
矢车菊素-3-O-芸香糖苷	N/A	芍药花素-3-O-葡萄糖苷	N/A
矢车菊素-3-O-葡萄糖苷	N/A	芍药花素-3-O-木糖苷	N/A
飞燕草素-3-O-木糖苷	0.021 119 225 3	矮牵牛素-3-O-阿拉伯糖苷	N/A
飞燕草素-3-O-芸香糖苷	N/A	矮牵牛素-3-O-半乳糖苷	N/A
飞燕草素-3-O-(6″-O-乙酰)半乳糖苷	N/A	原花青素 B4	N/A
飞燕草素-3-O-槐糖苷	N/A	原花青素 B2	N/A
锦葵色素-3-O-木糖苷	N/A	原花青素 B3	0.027 914 262 7
锦葵色素-3-O-鼠李糖苷	N/A	原花青素 B1	0.180 007 262
锦葵色素	N/A	槲皮素-3-O-葡萄糖苷（异槲皮苷）	N/A
锦葵色素-3-O-葡萄糖苷	0.004 040 911 84	柚皮素	N/A
天竺葵素-3-O-半乳糖苷	N/A		

台农 2 号

一、有机酸含量

化合物中文名称	含量（ng/g）	化合物中文名称	含量（ng/g）
（R）-3-羟基丁酸	2 170.508 47	反式-乌头酸	192 561.316
齐墩果酸	1.924 087 74	L-苹果酸	1 490 199.4
戊二酸	N/A	己二酸	161.425 723
4-羟基马尿酸	N/A	邻氨基苯甲酸	1.353 090 73
乳酸	N/A	壬二酸	2 311.216 35
对羟基苯乙酸	N/A	顺式-乌头酸	82 023.429 7
2-羟基-3-甲基丁酸	N/A	富马酸	9 340.219 34
犬尿氨酸	N/A	3-(4-羟基苯基)乳酸	8.046 370 89
肉桂酸	N/A	α-酮戊二酸	21 412.362 9
3-吲哚乙酸	N/A	泛酸	9 927.028 91
苯乙酰甘氨酸	N/A	L-焦谷氨酸	5 804.117 65
3-羟基异戊酸	N/A	水杨酸	21.786 739 8
5-羟基吲哚-3-乙酸	N/A	辛二酸	937.135 593
乙基丙二酸	N/A	琥珀酸	59 857.128 6
吲哚-3-乙酸	N/A	酒石酸	9 766.819 54
山楂酸	N/A	2-羟基-2-甲基丁酸	80.084 945 2
苯甲酸	N/A	4-氨基丁酸	24 236.989
3-(3-羟基苯基)-3-羟基丙酸	N/A	4-香豆酸	167.643 071
3-羟基马尿酸	N/A	对羟基苯甲酸	123.570 289
马尿酸	N/A	咖啡酸	17.627 118 6
乙酰丙酸	N/A	阿魏酸	18.734 297 1
甲基丙二酸	N/A	没食子酸	328.928 215
新绿原酸	N/A	丙酮酸	1 014.416 75
吲哚-2-羧酸	N/A	莽草酸	43 815.752 7
甲基丁二酸	N/A	牛磺酸	18.275 473 6
3,4-二羟基苯乙酸	N/A	DL-3-苯乳酸	734.351 944
氢化肉桂酸	N/A	3-甲基己二酸	58.699 700 9
鼠尾草酸	N/A	邻羟基苯乙酸	N/A
柠康酸	N/A	5-羟甲基-2-呋喃甲酸	124.493 519
隐绿原酸	N/A	癸二酸	N/A
3-羟基苯乙酸	N/A	氯氨酮	7.177 597 21
高香草酸	N/A	马来酸	N/A
3-羟基-3-甲基谷氨酸	213.255 234		

二、糖含量

化合物中文名称	含量（mg/g）	化合物中文名称	含量（mg/g）
苯基-β-D-吡喃葡萄糖苷	N/A	1,5-酐-D-山梨糖醇	0.588 768 34
D-纤维二糖	0.143 784 17	D-甘露糖-6-磷酸钠	0.066 090 540 5
海藻糖	0.013 539 768 3	1,6-脱水-β-D-葡萄糖	0.326 111 969
蔗糖	225.359 073	肌醇	3.517 934 36
麦芽糖	1.571 067 57	D-葡萄糖醛酸	0.015 745 733 6
乳糖	N/A	葡萄糖	73.033 204 6
2-脱氧-D-葡萄糖	N/A	D-半乳糖醛酸	0.014 200 849 4
2-脱氧-D-核糖	N/A	D-半乳糖	0.169 735 328
D-甘露糖	N/A	L-岩藻糖	0.100 928 185
D-核糖	N/A	D-果糖	176.589 961
D-(+)-核糖酸-1,4-内酯	0.006 025 289 58	D-阿拉伯糖	0.015 757 239 4
D-木酮糖	0.003 699 594 59	阿拉伯糖醇	0.014 967 683 4
D-木糖	0.058 218 339 8	N-乙酰氨基葡萄糖	0.007 732 818 53
木糖醇	0.006 382 606 18	甲基β-D-吡喃半乳糖苷	0.047 991 505 8
D-山梨醇	0.024 775 096 5	L-鼠李糖	0.019 532 432 4
D-核糖-5-磷酸钡盐	0.031 743 822 4	棉子糖	0.070 435 135 1

三、花青素含量

化合物中文名称	含量（μg/g）	化合物中文名称	含量（μg/g）
矢车菊素-3-O-(6″-O-乙酰)葡萄糖苷	N/A	芍药花素-3-O-(6″-O-乙酰-丙二酰)葡萄糖苷	0.002 210 080 32
矢车菊素-3-O-(6″-对香豆酰)半乳糖苷	N/A	芍药花素-3-O-半乳糖苷	N/A
矢车菊素-3-O-(6″-咖啡酰)鼠李糖苷	N/A	芍药花素-3-O-(乙酰)(丙二酰)半乳糖苷	N/A
矢车菊素-3-O-半乳糖苷	0.004 476 325 3	芍药花素-3-O-(6″-O-乙酰)葡萄糖苷	N/A
矢车菊素-3-O-芸香糖苷	N/A	芍药花素-3-O-葡萄糖苷	N/A
矢车菊素-3-O-葡萄糖苷	N/A	芍药花素-3-O-木糖苷	N/A
飞燕草素-3-O-木糖苷	N/A	矮牵牛素-3-O-阿拉伯糖苷	N/A
飞燕草素-3-O-芸香糖苷	N/A	矮牵牛素-3-O-半乳糖苷	N/A
飞燕草素-3-O-(6″-O-乙酰)半乳糖苷	N/A	原花青素 B4	0.042 822 690 8
飞燕草素-3-O-槐糖苷	0.008 230 080 32	原花青素 B2	0.036 246 586 3
锦葵色素-3-O-木糖苷	N/A	原花青素 B3	0.152 921 084
锦葵色素-3-O-鼠李糖苷	N/A	原花青素 B1	2.208 714 86
锦葵色素	N/A	槲皮素-3-O-葡萄糖苷（异槲皮苷）	N/A
锦葵色素-3-O-葡萄糖苷	0.003 000 301 2	柚皮素	N/A
天竺葵素-3-O-半乳糖苷	N/A		

汤　姆

一、有机酸含量

化合物中文名称	含量（ng/g）	化合物中文名称	含量（ng/g）
（R）-3-羟基丁酸	1 983.722 95	反式-乌头酸	171 783.23
齐墩果酸	20.706 916 5	L-苹果酸	1 053 149.15
戊二酸	N/A	己二酸	42.858 288 3
4-羟基马尿酸	2.024 845 44	邻氨基苯甲酸	1.878 226 43
乳酸	N/A	壬二酸	1 012.345 44
对羟基苯乙酸	N/A	顺式-乌头酸	105 320.711
2-羟基-3-甲基丁酸	N/A	富马酸	2 760.519 71
犬尿氨酸	N/A	3-（4-羟基苯基）乳酸	6.198 493 04
肉桂酸	N/A	α-酮戊二酸	19 258.307 6
3-吲哚乙酸	N/A	泛酸	11 513.717 2
苯乙酰甘氨酸	N/A	L-焦谷氨酸	2 875.763 14
3-羟基异戊酸	N/A	水杨酸	99.503 477 6
5-羟基吲哚-3-乙酸	N/A	辛二酸	158.546 175
乙基丙二酸	N/A	琥珀酸	32 635.529 4
吲哚-3-乙酸	N/A	酒石酸	9 802.260 43
山楂酸	N/A	2-羟基-2-甲基丁酸	60.718 894 9
苯甲酸	N/A	4-氨基丁酸	62 989.470 6
3-（3-羟基苯基）-3-羟基丙酸	N/A	4-香豆酸	187.037 287
3-羟基马尿酸	N/A	对羟基苯甲酸	55.467 542 5
马尿酸	N/A	咖啡酸	58.895 575 7
乙酰丙酸	N/A	阿魏酸	29.881 182 4
甲基丙二酸	N/A	没食子酸	537.897 025
新绿原酸	N/A	丙酮酸	560.493 624
吲哚-2-羧酸	N/A	莽草酸	23 556.993 8
甲基丁二酸	N/A	牛磺酸	38.374 903 4
3,4-二羟基苯乙酸	N/A	DL-3-苯基乳酸	79.789 799 1
氢化肉桂酸	N/A	3-甲基己二酸	40.840 513 9
鼠尾草酸	N/A	邻羟基苯乙酸	N/A
柠康酸	N/A	5-羟甲基-2-呋喃甲酸	74.284 389 5
隐绿原酸	N/A	癸二酸	7.888 707 5
3-羟基苯乙酸	2 957.418 86	氯氨酮	70.592 349 3
高香草酸	N/A	马来酸	N/A
3-羟基-3-甲基谷氨酸	N/A		

二、糖含量

化合物中文名称	含量（mg/g）	化合物中文名称	含量（mg/g）
苯基-β-D-吡喃葡萄糖苷	N/A	1,5-酐-D-山梨糖醇	0.420 660 33
D-纤维二糖	0.147 231 816	D-甘露糖-6-磷酸钠	0.048 916 258 1
海藻糖	0.012 289 884 9	1,6-脱水-β-D-葡萄糖	0.425 708 854
蔗糖	284.778 389	肌醇	3.674 017 01
麦芽糖	0.191 813 507	D-葡萄糖醛酸	0.016 618 709 4
乳糖	N/A	葡萄糖	42.069 034 5
2-脱氧-D-葡萄糖	N/A	D-半乳糖醛酸	0.029 293 446 7
2-脱氧-D-核糖	N/A	D-半乳糖	0.114 385 793
D-甘露糖	N/A	L-岩藻糖	0.273 886 943
D-核糖	N/A	D-果糖	167.671 036
D-(+)-核糖酸-1,4-内酯	0.005 898 989 49	D-阿拉伯糖	0.016 691 625 8
D-木酮糖	0.002 736 008	阿拉伯糖醇	0.018 000 04
D-木糖	0.105 203 202	N-乙酰氨基葡萄糖	0.006 974 787 39
木糖醇	0.007 706 693 35	甲基β-D-吡喃半乳糖苷	0.023 511 155 6
D-山梨醇	0.021 328 264 1	L-鼠李糖	0.021 469 534 8
D-核糖-5-磷酸钡盐	0.040 457 628 8	棉子糖	N/A

三、花青素含量

化合物中文名称	含量（μg/g）	化合物中文名称	含量（μg/g）
矢车菊素-3-O-(6″-O-乙酰)葡萄糖苷	N/A	芍药花素-3-O-(6″-O-乙酰-丙二酰)葡萄糖苷	0.026 332 530 1
矢车菊素-3-O-(6″-对香豆酰)半乳糖苷	N/A	芍药花素-3-O-半乳糖苷	0.028 007 028 1
矢车菊素-3-O-(6″-咖啡酰)鼠李糖苷	N/A	芍药花素-3-O-(乙酰)(丙二酰)半乳糖苷	N/A
矢车菊素-3-O-半乳糖苷	0.018 759 678 7	芍药花素-3-O-(6″-O-乙酰)葡萄糖苷	N/A
矢车菊素-3-O-芸香糖苷	N/A	芍药花素-3-O-葡萄糖苷	0.022 589 558 2
矢车菊素-3-O-葡萄糖苷	N/A	芍药花素-3-O-木糖苷	N/A
飞燕草素-3-O-木糖苷	N/A	矮牵牛素-3-O-阿拉伯糖苷	N/A
飞燕草素-3-O-芸香糖苷	N/A	矮牵牛素-3-O-半乳糖苷	N/A
飞燕草素-3-O-(6″-O-乙酰)半乳糖苷	N/A	原花青素 B4	0.845 463 855
飞燕草素-3-O-槐糖苷	0.011 706 144 6	原花青素 B2	1.207 004 02
锦葵色素-3-O-木糖苷	N/A	原花青素 B3	7.905 060 24
锦葵色素-3-O-鼠李糖苷	N/A	原花青素 B1	133.486 345
锦葵色素	N/A	槲皮素-3-O-葡萄糖苷（异槲皮苷）	2.792 008 03
锦葵色素-3-O-葡萄糖苷	0.008 460 301 2	柚皮素	N/A
天竺葵素-3-O-半乳糖苷	N/A		

桃红芒

一、有机酸含量

化合物中文名称	含量（ng/g）	化合物中文名称	含量（ng/g）
（R）-3-羟基丁酸	3 584.857 72	反式-乌头酸	158 149.39
齐墩果酸	6.835 721 54	L-苹果酸	1 298 638.21
戊二酸	692.461 382	己二酸	244.689 024
4-羟基马尿酸	N/A	邻氨基苯甲酸	2.785 772 36
乳酸	N/A	壬二酸	6 384.502 03
对羟基苯乙酸	N/A	顺式-乌头酸	129 024.39
2-羟基-3-甲基丁酸	N/A	富马酸	4 791.565 04
犬尿氨酸	N/A	3-(4-羟基苯基)乳酸	12.544 004 1
肉桂酸	N/A	α-酮戊二酸	19 777.743 9
3-吲哚乙酸	11.216 666 7	泛酸	8 323.119 92
苯乙酰甘氨酸	N/A	L-焦谷氨酸	1 874.857 72
3-羟基异戊酸	N/A	水杨酸	37.382 723 6
5-羟基吲哚-3-乙酸	N/A	辛二酸	2 849.583 33
乙基丙二酸	N/A	琥珀酸	33 932.520 3
吲哚-3-乙酸	N/A	酒石酸	10 646.138 2
山楂酸	N/A	2-羟基-2-甲基丁酸	1 721.219 51
苯甲酸	N/A	4-氨基丁酸	82 482.926 8
3-(3-羟基苯基)-3-羟基丙酸	N/A	4-香豆酸	356.912 602
3-羟基马尿酸	N/A	对羟基苯甲酸	396.974 593
马尿酸	N/A	咖啡酸	117.501 016
乙酰丙酸	N/A	阿魏酸	122.358 74
甲基丙二酸	N/A	没食子酸	1 434.054 88
新绿原酸	N/A	丙酮酸	853.990 854
吲哚-2-羧酸	N/A	莽草酸	60 071.443 1
甲基丁二酸	N/A	牛磺酸	30.743 800 8
3,4-二羟基苯乙酸	N/A	DL-3-苯基乳酸	343.691 057
氢化肉桂酸	N/A	3-甲基己二酸	102.892 276
鼠尾草酸	N/A	邻羟基苯乙酸	3.523 099 59
柠康酸	N/A	5-羟甲基-2-呋喃甲酸	176.934 959
隐绿原酸	N/A	癸二酸	308.067 073
3-羟基苯乙酸	N/A	氯氨酮	4.105 264 23
高香草酸	N/A	马来酸	N/A
3-羟基-3-甲基谷氨酸	246.398 374		

二、糖含量

化合物中文名称	含量（mg/g）	化合物中文名称	含量（mg/g）
苯基-β-D-吡喃葡萄糖苷	N/A	1,5-酐-D-山梨糖醇	1.484 015 58
D-纤维二糖	0.111 226 095	D-甘露糖-6-磷酸钠	0.062 948 198 6
海藻糖	0.010 395 384 6	1,6-脱水-β-D-葡萄糖	0.263 776 047
蔗糖	215.318 403	肌醇	4.495 073 03
麦芽糖	0.088 177 020 4	D-葡萄糖醛酸	0.018 576 397 3
乳糖	N/A	葡萄糖	87.379 552 1
2-脱氧-D-葡萄糖	N/A	D-半乳糖醛酸	0.030 263 680 6
2-脱氧-D-核糖	N/A	D-半乳糖	0.129 647 128
D-甘露糖	N/A	L-岩藻糖	0.213 721 519
D-核糖	N/A	D-果糖	195.176 241
D-(+)-核糖酸-1,4-内酯	0.006 527 302 82	D-阿拉伯糖	0.022 673 223
D-木酮糖	0.012 213 067 2	阿拉伯糖醇	0.017 743 661 1
D-木糖	0.060 015 384 6	N-乙酰氨基葡萄糖	0.009 133 592 99
木糖醇	0.006 776 942 55	甲基β-D-吡喃半乳糖苷	0.099 958 714 7
D-山梨醇	0.017 764 829 6	L-鼠李糖	0.022 121 324 2
D-核糖-5-磷酸钡盐	0.053 317 624 1	棉子糖	N/A

三、花青素含量

化合物中文名称	含量（μg/g）	化合物中文名称	含量（μg/g）
矢车菊素-3-O-(6″-O-乙酰)葡萄糖苷	N/A	芍药花素-3-O-(6″-O-乙酰-丙二酰)葡萄糖苷	N/A
矢车菊素-3-O-(6″-对香豆酰)半乳糖苷	N/A	芍药花素-3-O-半乳糖苷	N/A
矢车菊素-3-O-(6″-咖啡酰)鼠李糖苷	N/A	芍药花素-3-O-(乙酰)(丙二酰)半乳糖苷	N/A
矢车菊素-3-O-半乳糖苷	N/A	芍药花素-3-O-(6″-O-乙酰)葡萄糖苷	N/A
矢车菊素-3-O-芸香糖苷	N/A	芍药花素-3-O-葡萄糖苷	N/A
矢车菊素-3-O-葡萄糖苷	N/A	芍药花素-3-O-木糖苷	0.004 968 123 24
飞燕草素-3-O-木糖苷	N/A	矮牵牛素-3-O-阿拉伯糖苷	N/A
飞燕草素-3-O-芸香糖苷	N/A	矮牵牛素-3-O-半乳糖苷	0.000 744 971 808
飞燕草素-3-O-(6″-O-乙酰)半乳糖苷	N/A	原花青素 B4	N/A
飞燕草素-3-O-槐糖苷	0.018 938 421 3	原花青素 B2	N/A
锦葵色素-3-O-木糖苷	N/A	原花青素 B3	0.065 645 59
锦葵色素-3-O-鼠李糖苷	N/A	原花青素 B1	0.311 753 927
锦葵色素	N/A	槲皮素-3-O-葡萄糖苷（异槲皮苷）	N/A
锦葵色素-3-O-葡萄糖苷	0.004 248 811 92	柚皮素	N/A
天竺葵素-3-O-半乳糖苷	N/A		

香蕉芒

一、有机酸含量

化合物中文名称	含量（ng/g）	化合物中文名称	含量（ng/g）
（R）-3-羟基丁酸	7 595.885 95	反式-乌头酸	107 090.631
齐墩果酸	4.238 798 37	L-苹果酸	1 436 354.38
戊二酸	6 229.205 7	己二酸	97.636 456 2
4-羟基马尿酸	N/A	邻氨基苯甲酸	1.058 299 39
乳酸	4 510.448 07	壬二酸	958.149 695
对羟基苯乙酸	N/A	顺式-乌头酸	152 126.273
2-羟基-3-甲基丁酸	N/A	富马酸	4 323.136 46
犬尿氨酸	N/A	3-（4-羟基苯基）乳酸	30.979 022 4
肉桂酸	N/A	α-酮戊二酸	13 898.065 2
3-吲哚乙酸	N/A	泛酸	15 797.759 7
苯乙酰甘氨酸	N/A	L-焦谷氨酸	10 570.264 8
3-羟基异戊酸	N/A	水杨酸	70.123 523 4
5-羟基吲哚-3-乙酸	N/A	辛二酸	222.744 399
乙基丙二酸	N/A	琥珀酸	58 702.036 7
吲哚-3-乙酸	N/A	酒石酸	9 177.352 34
山楂酸	N/A	2-羟基-2-甲基丁酸	1 140.773 93
苯甲酸	N/A	4-氨基丁酸	37 653.767 8
3-（3-羟基苯基）-3-羟基丙酸	N/A	4-香豆酸	194.158 859
3-羟基马尿酸	N/A	对羟基苯甲酸	131.195 519
马尿酸	N/A	咖啡酸	40.118 737 3
乙酰丙酸	N/A	阿魏酸	57.726 171 1
甲基丙二酸	N/A	没食子酸	1 164.327 9
新绿原酸	N/A	丙酮酸	578.276 986
吲哚-2-羧酸	N/A	莽草酸	44 547.454 2
甲基丁二酸	N/A	牛磺酸	26.910 387
3,4-二羟基苯乙酸	N/A	DL-3-苯基乳酸	283.033 605
氢化肉桂酸	N/A	3-甲基己二酸	45.616 700 6
鼠尾草酸	N/A	邻羟基苯乙酸	18.921 181 3
柠康酸	N/A	5-羟甲基-2-呋喃甲酸	83.870 061 1
隐绿原酸	N/A	癸二酸	235.636 456
3-羟基苯乙酸	2 494.134 42	氯氨酮	113.378 819
高香草酸	N/A	马来酸	N/A
3-羟基-3-甲基谷氨酸	111.686 354		

二、糖含量

化合物中文名称	含量（mg/g）	化合物中文名称	含量（mg/g）
苯基-β-D-吡喃葡萄糖苷	N/A	1,5-酐-D-山梨糖醇	0.617 945 684
D-纤维二糖	0.090 468 671 2	D-甘露糖-6-磷酸钠	0.066 230 843 8
海藻糖	0.009 884 170 71	1,6-脱水-β-D-葡萄糖	0.264 851 6
蔗糖	281.117 362	肌醇	4.849 117 36
麦芽糖	0.061 138 118 3	D-葡萄糖醛酸	0.019 355 441 3
乳糖	N/A	葡萄糖	55.682 444 2
2-脱氧-D-葡萄糖	N/A	D-半乳糖醛酸	0.097 602 715 8
2-脱氧-D-核糖	N/A	D-半乳糖	0.175 476 237
D-甘露糖	N/A	L-岩藻糖	0.245 299 709
D-核糖	N/A	D-果糖	150.735 209
D-(+)-核糖酸-1,4-内酯	0.006 524 384 09	D-阿拉伯糖	0.029 715 033 9
D-木酮糖	0.005 921 493 7	阿拉伯糖醇	0.019 180 892 3
D-木糖	0.132 648 109	N-乙酰氨基葡萄糖	0.010 186 459 7
木糖醇	0.007 957 439 38	甲基β-D-吡喃半乳糖苷	0.036 299 515
D-山梨醇	0.038 303 976 7	L-鼠李糖	0.025 806 789 5
D-核糖-5-磷酸钡盐	0.041 337 342 4	棉子糖	N/A

三、花青素含量

化合物中文名称	含量（μg/g）	化合物中文名称	含量（μg/g）
矢车菊素-3-O-(6″-O-乙酰)葡萄糖苷	N/A	芍药花素-3-O-(6″-O-乙酰-丙二酰)葡萄糖苷	0.001 997 791 79
矢车菊素-3-O-(6″-对香豆酰)半乳糖苷	N/A	芍药花素-3-O-半乳糖苷	0.006 867 687 69
矢车菊素-3-O-(6″-咖啡酰)鼠李糖苷	N/A	芍药花素-3-O-(乙酰)(丙二酰)半乳糖苷	N/A
矢车菊素-3-O-半乳糖苷	0.005 770 030 03	芍药花素-3-O-(6″-O-乙酰)葡萄糖苷	N/A
矢车菊素-3-O-芸香糖苷	N/A	芍药花素-3-O-葡萄糖苷	N/A
矢车菊素-3-O-葡萄糖苷	N/A	芍药花素-3-O-木糖苷	N/A
飞燕草素-3-O-木糖苷	N/A	矮牵牛素-3-O-阿拉伯糖苷	N/A
飞燕草素-3-O-芸香糖苷	N/A	矮牵牛素-3-O-半乳糖苷	N/A
飞燕草素-3-O-(6″-O-乙酰)半乳糖苷	N/A	原花青素 B4	0.011 499 119 1
飞燕草素-3-O-槐糖苷	N/A	原花青素 B2	0.064 409 409 4
锦葵色素-3-O-木糖苷	N/A	原花青素 B3	0.024 119 519 5
锦葵色素-3-O-鼠李糖苷	N/A	原花青素 B1	0.541 591 592
锦葵色素	N/A	槲皮素-3-O-葡萄糖苷（异槲皮苷）	N/A
锦葵色素-3-O-葡萄糖苷	N/A	柚皮素	0.010 306 666 7
天竺葵素-3-O-半乳糖苷	N/A		

暹罗芒

一、有机酸含量

化合物中文名称	含量（ng/g）	化合物中文名称	含量（ng/g）
（R）-3-羟基丁酸	10 536.851 4	反式-乌头酸	70 284.689 5
齐墩果酸	23.744 398 6	L-苹果酸	1 437 362.42
戊二酸	4 659.650 16	己二酸	1 488.600 63
4-羟基马尿酸	N/A	邻氨基苯甲酸	1.285 544 42
乳酸	N/A	壬二酸	1 181.407 23
对羟基苯乙酸	44.321 639 2	顺式-乌头酸	95 331.367 9
2-羟基-3-甲基丁酸	N/A	富马酸	2 955.159 2
犬尿氨酸	N/A	3-（4-羟基苯基）乳酸	7.986 517 3
肉桂酸	N/A	α-酮戊二酸	19 624.017 3
3-吲哚乙酸	N/A	泛酸	11 585.495 3
苯乙酰甘氨酸	N/A	L-焦谷氨酸	6 617.393 87
3-羟基异戊酸	N/A	水杨酸	63.897 700 5
5-羟基吲哚-3-乙酸	N/A	辛二酸	266.930 031
乙基丙二酸	N/A	琥珀酸	53 481.721 7
吲哚-3-乙酸	N/A	酒石酸	8 938.295 99
山楂酸	N/A	2-羟基-2-甲基丁酸	2 162.106 92
苯甲酸	N/A	4-氨基丁酸	48 584.021 2
3-（3-羟基苯基）-3-羟基丙酸	N/A	4-香豆酸	203.869 89
3-羟基马尿酸	N/A	对羟基苯甲酸	79.446 934
马尿酸	N/A	咖啡酸	138.357 901
乙酰丙酸	N/A	阿魏酸	64.816 627 4
甲基丙二酸	N/A	没食子酸	1 444.870 28
新绿原酸	N/A	丙酮酸	987.205 189
吲哚-2-羧酸	N/A	莽草酸	23 521.029 9
甲基丁二酸	N/A	牛磺酸	22.488 895 4
3,4-二羟基苯乙酸	N/A	DL-3-苯基乳酸	7 153.439 47
氢化肉桂酸	N/A	3-甲基己二酸	125.886 399
鼠尾草酸	N/A	邻羟基苯乙酸	49.842 963 8
柠康酸	N/A	5-羟甲基-2-呋喃甲酸	101.087 854
隐绿原酸	N/A	癸二酸	42.991 548 7
3-羟基苯乙酸	1 764.622 64	氯氨酮	6.452 397 8
高香草酸	N/A	马来酸	N/A
3-羟基-3-甲基谷氨酸	N/A		

二、糖含量

化合物中文名称	含量（mg/g）	化合物中文名称	含量（mg/g）
苯基-β-D-吡喃葡萄糖苷	N/A	1,5-酐-D-山梨糖醇	1.570 572 3
D-纤维二糖	0.076 000 404 4	D-甘露糖-6-磷酸钠	0.079 355 915 1
海藻糖	0.008 368 291 2	1,6-脱水-β-D-葡萄糖	0.309 259 858
蔗糖	316.497 472	肌醇	4.341 031 34
麦芽糖	0.755 522 75	D-葡萄糖醛酸	0.019 362 73
乳糖	N/A	葡萄糖	53.389 484 3
2-脱氧-D-葡萄糖	N/A	D-半乳糖醛酸	0.045 241 051 6
2-脱氧-D-核糖	N/A	D-半乳糖	0.139 484 328
D-甘露糖	N/A	L-岩藻糖	0.243 174 924
D-核糖	N/A	D-果糖	57.092 821
D-(+)-核糖酸-1,4-内酯	0.006 543 255 81	D-阿拉伯糖	0.018 778 18
D-木酮糖	0.010 628 958 5	阿拉伯糖醇	0.016 977 674 4
D-木糖	0.076 101 718 9	N-乙酰氨基葡萄糖	0.010 131 729
木糖醇	0.007 139 413 55	甲基 β-D-吡喃半乳糖苷	0.079 544 186
D-山梨醇	0.016 951 344 8	L-鼠李糖	0.020 673 811 9
D-核糖-5-磷酸钡盐	0.063 780 990 9	棉子糖	N/A

三、花青素含量

化合物中文名称	含量（μg/g）	化合物中文名称	含量（μg/g）
矢车菊素-3-O-(6″-O-乙酰)葡萄糖苷	N/A	芍药花素-3-O-(6″-O-乙酰-丙二酰)葡萄糖苷	N/A
矢车菊素-3-O-(6″-对香豆酰)半乳糖苷	N/A	芍药花素-3-O-半乳糖苷	N/A
矢车菊素-3-O-(6″-咖啡酰)鼠李糖苷	N/A	芍药花素-3-O-(乙酰)(丙二酰)半乳糖苷	N/A
矢车菊素-3-O-半乳糖苷	0.009 082 148 63	芍药花素-3-O-(6″-O-乙酰)葡萄糖苷	N/A
矢车菊素-3-O-芸香糖苷	N/A	芍药花素-3-O-葡萄糖苷	N/A
矢车菊素-3-O-葡萄糖苷	N/A	芍药花素-3-O-木糖苷	N/A
飞燕草素-3-O-木糖苷	N/A	矮牵牛素-3-O-阿拉伯糖苷	N/A
飞燕草素-3-O-芸香糖苷	N/A	矮牵牛素-3-O-半乳糖苷	N/A
飞燕草素-3-O-(6″-O-乙酰)半乳糖苷	N/A	原花青素 B4	0.060 134 289 2
飞燕草素-3-O-槐糖苷	N/A	原花青素 B2	0.229 242 73
锦葵色素-3-O-木糖苷	N/A	原花青素 B3	0.177 766 559
锦葵色素-3-O-鼠李糖苷	N/A	原花青素 B1	4.045 375 61
锦葵色素	N/A	槲皮素-3-O-葡萄糖苷（异槲皮苷）	0.092 765 549 3
锦葵色素-3-O-葡萄糖苷	0.007 727 423 26	柚皮素	0.019 830 371 6
天竺葵素-3-O-半乳糖苷	0.010 206 724 6		

夏茅芒

一、有机酸含量

化合物中文名称	含量（ng/g）	化合物中文名称	含量（ng/g）
（R）-3-羟基丁酸	2 484.469 77	反式-乌头酸	79 698.860 3
齐墩果酸	5.019 248 6	L-苹果酸	1 497 962.14
戊二酸	1 052.443 5	己二酸	1 086.797 37
4-羟基马尿酸	N/A	邻氨基苯甲酸	3.336 594 55
乳酸	N/A	壬二酸	4 378.298 24
对羟基苯乙酸	N/A	顺式-乌头酸	57 854.452 4
2-羟基-3-甲基丁酸	N/A	富马酸	3 185.619 08
犬尿氨酸	N/A	3-（4-羟基苯基）乳酸	11.623 430 6
肉桂酸	N/A	α-酮戊二酸	15 442.051 4
3-吲哚乙酸	N/A	泛酸	10 495.847
苯乙酰甘氨酸	N/A	L-焦谷氨酸	6 403.051 96
3-羟基异戊酸	N/A	水杨酸	61.881 205 3
5-羟基吲哚-3-乙酸	N/A	辛二酸	1 231.543 36
乙基丙二酸	N/A	琥珀酸	31 721.074
吲哚-3-乙酸	N/A	酒石酸	9 145.576 59
山楂酸	N/A	2-羟基-2-甲基丁酸	1 306.963 49
苯甲酸	N/A	4-氨基丁酸	76 015.839 3
3-（3-羟基苯基）-3-羟基丙酸	N/A	4-香豆酸	352.578 714
3-羟基马尿酸	N/A	对羟基苯甲酸	106.872 706
马尿酸	N/A	咖啡酸	29.541 433 3
乙酰丙酸	N/A	阿魏酸	30.576 588 8
甲基丙二酸	N/A	没食子酸	374.747 924
新绿原酸	N/A	丙酮酸	1 112.961 17
吲哚-2-羧酸	N/A	莽草酸	29 652.501 4
甲基丁二酸	N/A	牛磺酸	9.300 028 97
3,4-二羟基苯乙酸	N/A	DL-3-苯基乳酸	888.513 618
氢化肉桂酸	N/A	3-甲基己二酸	92.395 402 7
鼠尾草酸	N/A	邻羟基苯乙酸	13.604 114 4
柠康酸	N/A	5-羟甲基-2-呋喃甲酸	45.914 429 2
隐绿原酸	N/A	癸二酸	148.972 378
3-羟基苯乙酸	1 967.104 5	氯氨酮	23.107 687 9
高香草酸	N/A	马来酸	N/A
3-羟基-3-甲基谷氨酸	139.838 71		

二、糖含量

化合物中文名称	含量（mg/g）	化合物中文名称	含量（mg/g）
苯基-β-D-吡喃葡萄糖苷	N/A	1,5-酐-D-山梨糖醇	0.369 982 353
D-纤维二糖	0.069 419 411 8	D-甘露糖-6-磷酸钠	0.098 979 803 9
海藻糖	0.008 443 509 8	1,6-脱水-β-D-葡萄糖	0.279 560 784
蔗糖	265.482 353	肌醇	1.695 929 41
麦芽糖	0.914 247 059	D-葡萄糖醛酸	0.013 962 176 5
乳糖	N/A	葡萄糖	12.109 176 5
2-脱氧-D-葡萄糖	N/A	D-半乳糖醛酸	0.018 800 470 6
2-脱氧-D-核糖	N/A	D-半乳糖	0.044 244 509 8
D-甘露糖	N/A	L-岩藻糖	0.162 969 804
D-核糖	N/A	D-果糖	72.300 196 1
D-(+)-核糖酸-1,4-内酯	0.005 346	D-阿拉伯糖	0.013 074 058 8
D-木酮糖	0.004 026 803 92	阿拉伯糖醇	0.019 134 215 7
D-木糖	0.045 292 941 2	N-乙酰氨基葡萄糖	0.008 597 843 14
木糖醇	0.006 638 960 78	甲基β-D-吡喃半乳糖苷	0.040 309 019 6
D-山梨醇	0.016 279 392 2	L-鼠李糖	0.026 083 529 4
D-核糖-5-磷酸钡盐	0.073 888 627 5	棉子糖	0.204 727 451

三、花青素含量

化合物中文名称	含量（μg/g）	化合物中文名称	含量（μg/g）
矢车菊素-3-O-(6″-O-乙酰)葡萄糖苷	N/A	芍药花素-3-O-(6″-O-乙酰-丙二酰)葡萄糖苷	N/A
矢车菊素-3-O-(6″-对香豆酰)半乳糖苷	N/A	芍药花素-3-O-半乳糖苷	N/A
矢车菊素-3-O-(6″-咖啡酰)鼠李糖苷	N/A	芍药花素-3-O-(乙酰)(丙二酰)半乳糖苷	N/A
矢车菊素-3-O-半乳糖苷	0.006 458 097 33	芍药花素-3-O-(6″-O-乙酰)葡萄糖苷	N/A
矢车菊素-3-O-芸香糖苷	N/A	芍药花素-3-O-葡萄糖苷	N/A
矢车菊素-3-O-葡萄糖苷	N/A	芍药花素-3-O-木糖苷	N/A
飞燕草素-3-O-木糖苷	N/A	矮牵牛素-3-O-阿拉伯糖苷	N/A
飞燕草素-3-O-芸香糖苷	N/A	矮牵牛素-3-O-半乳糖苷	N/A
飞燕草素-3-O-(6″-O-乙酰)半乳糖苷	N/A	原花青素 B4	0.030 519 146 4
飞燕草素-3-O-槐糖苷	0.013 011 288 4	原花青素 B2	0.070 427 403 3
锦葵色素-3-O-木糖苷	N/A	原花青素 B3	0.114 294 376
锦葵色素-3-O-鼠李糖苷	N/A	原花青素 B1	1.324 910 25
锦葵色素	0.013 212 983 6	槲皮素-3-O-葡萄糖苷（异槲皮苷）	0.112 447 148
锦葵色素-3-O-葡萄糖苷	0.010 062 684 5	柚皮素	N/A
天竺葵素-3-O-半乳糖苷	0.007 979 676 9		

小象牙

一、有机酸含量

化合物中文名称	含量（ng/g）	化合物中文名称	含量（ng/g）
（R）-3-羟基丁酸	6 451.765 57	反式-乌头酸	98 014.208 1
齐墩果酸	3.895 716 67	L-苹果酸	946 088.592
戊二酸	1 649.508 98	己二酸	104.693 899
4-羟基马尿酸	8.042 843 71	邻氨基苯甲酸	0.861 484 538
乳酸	N/A	壬二酸	1 335.018 8
对羟基苯乙酸	N/A	顺式-乌头酸	72 535.833 7
2-羟基-3-甲基丁酸	N/A	富马酸	1 931.853 32
犬尿氨酸	N/A	3-（4-羟基苯基）乳酸	15.357 083 2
肉桂酸	N/A	α-酮戊二酸	13 709.987 5
3-吲哚乙酸	N/A	泛酸	14 419.139 2
苯乙酰甘氨酸	10.475 762 6	L-焦谷氨酸	5 213.539 49
3-羟基异戊酸	N/A	水杨酸	12.629 857 9
5-羟基吲哚-3-乙酸	N/A	辛二酸	538.836 189
乙基丙二酸	N/A	琥珀酸	27 177.496 9
吲哚-3-乙酸	N/A	酒石酸	9 015.472 21
山楂酸	N/A	2-羟基-2-甲基丁酸	387.746 552
苯甲酸	N/A	4-氨基丁酸	45 950.585
3-（3-羟基苯基）-3-羟基丙酸	N/A	4-香豆酸	171.479 315
3-羟基马尿酸	N/A	对羟基苯甲酸	164.595 696
马尿酸	N/A	咖啡酸	31.168 198 9
乙酰丙酸	N/A	阿魏酸	14.722 210 6
甲基丙二酸	N/A	没食子酸	1 056.383 2
新绿原酸	N/A	丙酮酸	575.154 618
吲哚-2-羧酸	N/A	莽草酸	34 155.975 8
甲基丁二酸	N/A	牛磺酸	43.604 262 4
3,4-二羟基苯乙酸	N/A	DL-3-苯基乳酸	9.892 885 5
氢化肉桂酸	N/A	3-甲基己二酸	N/A
鼠尾草酸	N/A	邻羟基苯乙酸	11.229 419 1
柠康酸	N/A	5-羟甲基-2-呋喃甲酸	N/A
隐绿原酸	N/A	癸二酸	17.668 198 9
3-羟基苯乙酸	N/A	氯氨酮	8.663 811 12
高香草酸	N/A	马来酸	N/A
3-羟基-3-甲基谷氨酸	N/A		

二、糖含量

化合物中文名称	含量（mg/g）	化合物中文名称	含量（mg/g）
苯基-β-D-吡喃葡萄糖苷	N/A	1,5-酐-D-山梨糖醇	0.849 569 339
D-纤维二糖	0.111 478 164	D-甘露糖-6-磷酸钠	0.052 311 447 3
海藻糖	0.011 537 912 3	1,6-脱水-β-D-葡萄糖	0.422 311 649
蔗糖	276.433 686	肌醇	1.500 665 66
麦芽糖	0.134 015 129	D-葡萄糖醛酸	0.018 696 903 7
乳糖	N/A	葡萄糖	104.674 332
2-脱氧-D-葡萄糖	N/A	D-半乳糖醛酸	0.389 385 779
2-脱氧-D-核糖	N/A	D-半乳糖	0.151 645 991
D-甘露糖	N/A	L-岩藻糖	0.202 368 129
D-核糖	N/A	D-果糖	174.363 086
D-(+)-核糖酸-1,4-内酯	0.006 793 403 93	D-阿拉伯糖	0.018 394 553 7
D-木酮糖	0.004 639 596 57	阿拉伯糖醇	0.017 984 104 9
D-木糖	0.119 958 649	N-乙酰氨基葡萄糖	0.007 252 344 93
木糖醇	0.006 744 911 75	甲基β-D-吡喃半乳糖苷	0.047 826 122
D-山梨醇	0.018 831 507 8	L-鼠李糖	0.023 953 202 2
D-核糖-5-磷酸钡盐	0.048 008 875 4	棉子糖	N/A

三、花青素含量

化合物中文名称	含量（μg/g）	化合物中文名称	含量（μg/g）
矢车菊素-3-O-(6″-O-乙酰)葡萄糖苷	N/A	芍药花素-3-O-(6″-O-乙酰-丙二酰)葡萄糖苷	N/A
矢车菊素-3-O-(6″-对香豆酰)半乳糖苷	N/A	芍药花素-3-O-半乳糖苷	N/A
矢车菊素-3-O-(6″-咖啡酰)鼠李糖苷	N/A	芍药花素-3-O-(乙酰)(丙二酰)半乳糖苷	N/A
矢车菊素-3-O-半乳糖苷	N/A	芍药花素-3-O-(6″-O-乙酰)葡萄糖苷	N/A
矢车菊素-3-O-芸香糖苷	N/A	芍药花素-3-O-葡萄糖苷	N/A
矢车菊素-3-O-葡萄糖苷	N/A	芍药花素-3-O-木糖苷	N/A
飞燕草素-3-O-木糖苷	N/A	矮牵牛素-3-O-阿拉伯糖苷	N/A
飞燕草素-3-O-芸香糖苷	N/A	矮牵牛素-3-O-半乳糖苷	N/A
飞燕草素-3-O-(6″-O-乙酰)半乳糖苷	N/A	原花青素 B4	0.010 318 26
飞燕草素-3-O-槐糖苷	0.011 295 38	原花青素 B2	N/A
锦葵色素-3-O-木糖苷	N/A	原花青素 B3	0.034 411
锦葵色素-3-O-鼠李糖苷	N/A	原花青素 B1	0.519 744
锦葵色素	N/A	槲皮素-3-O-葡萄糖苷（异槲皮苷）	N/A
锦葵色素-3-O-葡萄糖苷	N/A	柚皮素	N/A
天竺葵素-3-O-半乳糖苷	N/A		

椰 香

一、有机酸含量

化合物中文名称	含量（ng/g）	化合物中文名称	含量（ng/g）
（R）-3-羟基丁酸	3 110.122 25	反式-乌头酸	N/A
齐墩果酸	8.981 506 42	L-苹果酸	1 198 052.22
戊二酸	1 008.358 89	己二酸	256.370 7
4-羟基马尿酸	N/A	邻氨基苯甲酸	2.537 204 72
乳酸	N/A	壬二酸	893.960 837
对羟基苯乙酸	58.730 315	顺式-乌头酸	559 084.128
2-羟基-3-甲基丁酸	40.204 517 2	富马酸	46 418.255 3
犬尿氨酸	N/A	3-（4-羟基苯基）乳酸	71.342 623 3
肉桂酸	N/A	α-酮戊二酸	5 485.681 72
3-吲哚乙酸	N/A	泛酸	18 063.095 7
苯乙酰甘氨酸	N/A	L-焦谷氨酸	1 596.135 52
3-羟基异戊酸	N/A	水杨酸	29.908 309 2
5-羟基吲哚-3-乙酸	N/A	辛二酸	148.158 931
乙基丙二酸	N/A	琥珀酸	69 844.177 4
吲哚-3-乙酸	N/A	酒石酸	8 845.431
山楂酸	N/A	2-羟基-2-甲基丁酸	95.766 576 9
苯甲酸	N/A	4-氨基丁酸	169 214.671
3-（3-羟基苯基）-3-羟基丙酸	N/A	4-香豆酸	346.652 507
3-羟基马尿酸	N/A	对羟基苯甲酸	106.688 769
马尿酸	N/A	咖啡酸	308.934 936
乙酰丙酸	N/A	阿魏酸	288.224 202
甲基丙二酸	N/A	没食子酸	9 312.971 4
新绿原酸	N/A	丙酮酸	192.418 152
吲哚-2-羧酸	N/A	莽草酸	7 612.712 39
甲基丁二酸	N/A	牛磺酸	23.283 464 6
3,4-二羟基苯乙酸	N/A	DL-3-苯基乳酸	160.138 831
氢化肉桂酸	N/A	3-甲基己二酸	16.727 310 4
鼠尾草酸	N/A	邻羟基苯乙酸	3.783 360 96
柠康酸	N/A	5-羟甲基-2-呋喃甲酸	314.679 859
隐绿原酸	N/A	癸二酸	202.555 947
3-羟基苯乙酸	6 694.757 56	氯氨酮	N/A
高香草酸	N/A	马来酸	N/A
3-羟基-3-甲基谷氨酸	490.166 805		

二、糖含量

化合物中文名称	含量（mg/g）	化合物中文名称	含量（mg/g）
苯基-β-D-吡喃葡萄糖苷	N/A	1,5-酐-D-山梨糖醇	0.358 646 999
D-纤维二糖	0.086 681 383 5	D-甘露糖-6-磷酸钠	0.045 618 718 2
海藻糖	0.009 648 809 77	1,6-脱水-β-D-葡萄糖	0.384 366 226
蔗糖	329.495 422	肌醇	2.806 225 84
麦芽糖	0.194 204 883	D-葡萄糖醛酸	0.017 892 573 8
乳糖	N/A	葡萄糖	57.622 583 9
2-脱氧-D-葡萄糖	N/A	D-半乳糖醛酸	0.161 673 449
2-脱氧-D-核糖	N/A	D-半乳糖	0.207 951 17
D-甘露糖	N/A	L-岩藻糖	0.279 800 61
D-核糖	0.020 759 308 2	D-果糖	97.132 044 8
D-(+)-核糖酸-1,4-内酯	0.006 485 554 43	D-阿拉伯糖	0.025 304 577 8
D-木酮糖	0.021 119 023 4	阿拉伯糖醇	0.020 206 103 8
D-木糖	0.101 663 479	N-乙酰氨基葡萄糖	0.010 422 543 2
木糖醇	0.010 248 382 5	甲基 β-D-吡喃半乳糖苷	0.035 665 717 2
D-山梨醇	0.056 509 257 4	L-鼠李糖	0.029 484 435 4
D-核糖-5-磷酸钡盐	0.051 130 213 6	棉子糖	N/A

三、花青素含量

化合物中文名称	含量（µg/g）	化合物中文名称	含量（µg/g）
矢车菊素-3-O-(6″-O-乙酰)葡萄糖苷	N/A	芍药花素-3-O-(6″-O-乙酰-丙二酰)葡萄糖苷	N/A
矢车菊素-3-O-(6″-对香豆酰)半乳糖苷	N/A	芍药花素-3-O-半乳糖苷	0.014 664 640 2
矢车菊素-3-O-(6″-咖啡酰)鼠李糖苷	N/A	芍药花素-3-O-(乙酰)(丙二酰)半乳糖苷	N/A
矢车菊素-3-O-半乳糖苷	0.005 546 481 96	芍药花素-3-O-(6″-O-乙酰)葡萄糖苷	N/A
矢车菊素-3-O-芸香糖苷	N/A	芍药花素-3-O-葡萄糖苷	N/A
矢车菊素-3-O-葡萄糖苷	N/A	芍药花素-3-O-木糖苷	N/A
飞燕草素-3-O-木糖苷	N/A	矮牵牛素-3-O-阿拉伯糖苷	N/A
飞燕草素-3-O-芸香糖苷	N/A	矮牵牛素-3-O-半乳糖苷	N/A
飞燕草素-3-O-(6″-O-乙酰)半乳糖苷	N/A	原花青素 B4	N/A
飞燕草素-3-O-槐糖苷	N/A	原花青素 B2	N/A
锦葵色素-3-O-木糖苷	N/A	原花青素 B3	0.018 259 437 9
锦葵色素-3-O-鼠李糖苷	N/A	原花青素 B1	0.108 984 453
锦葵色素	N/A	槲皮素-3-O-葡萄糖苷（异槲皮苷）	N/A
锦葵色素-3-O-葡萄糖苷	0.003 834 781 74	柚皮素	N/A
天竺葵素-3-O-半乳糖苷	N/A		

粤西 1 号

一、有机酸含量

化合物中文名称	含量（ng/g）	化合物中文名称	含量（ng/g）
（R）-3-羟基丁酸	2 439.542 08	反式-乌头酸	211 488.243
齐墩果酸	5.054 950 5	L-苹果酸	1 313 015.68
戊二酸	1 746.555 28	己二酸	195.765 264
4-羟基马尿酸	N/A	邻氨基苯甲酸	0.636 916 254
乳酸	N/A	壬二酸	3 193.038 37
对羟基苯乙酸	N/A	顺式-乌头酸	138 107.467
2-羟基-3-甲基丁酸	N/A	富马酸	2 452.382 43
犬尿氨酸	N/A	3-（4-羟基苯基）乳酸	18.179 661 7
肉桂酸	N/A	α-酮戊二酸	37 346.225 2
3-吲哚乙酸	N/A	泛酸	6 707.766 09
苯乙酰甘氨酸	N/A	L-焦谷氨酸	855.070 132
3-羟基异戊酸	N/A	水杨酸	18.587 561 9
5-羟基吲哚-3-乙酸	N/A	辛二酸	1 427.794 97
乙基丙二酸	N/A	琥珀酸	34 049.917 5
吲哚-3-乙酸	N/A	酒石酸	10 597.566
山楂酸	N/A	2-羟基-2-甲基丁酸	2 088.417 9
苯甲酸	N/A	4-氨基丁酸	68 562.396 9
3-（3-羟基苯基）-3-羟基丙酸	N/A	4-香豆酸	296.603 754
3-羟基马尿酸	N/A	对羟基苯甲酸	268.115 718
马尿酸	N/A	咖啡酸	192.227 723
乙酰丙酸	N/A	阿魏酸	80.841 068 5
甲基丙二酸	N/A	没食子酸	1 498.215 76
新绿原酸	N/A	丙酮酸	643.268 358
吲哚-2-羧酸	N/A	莽草酸	21 054.042 9
甲基丁二酸	N/A	牛磺酸	41.664 810 2
3,4-二羟基苯乙酸	N/A	DL-3-苯基乳酸	263.492 162
氢化肉桂酸	N/A	3-甲基己二酸	77.855 507 4
鼠尾草酸	N/A	邻羟基苯乙酸	0.551 398 515
柠康酸	N/A	5-羟甲基-2-呋喃甲酸	236.770 833
隐绿原酸	N/A	癸二酸	123.766 502
3-羟基苯乙酸	2 016.934 82	氯氨酮	82.405 218 6
高香草酸	N/A	马来酸	N/A
3-羟基-3-甲基谷氨酸	124.597 772		

二、糖含量

化合物中文名称	含量（mg/g）	化合物中文名称	含量（mg/g）
苯基-β-D-吡喃葡萄糖苷	N/A	1,5-酐-D-山梨糖醇	0.339 420 515
D-纤维二糖	0.121 937 19	D-甘露糖-6-磷酸钠	0.039 592 416 1
海藻糖	0.013 939 076 3	1,6-脱水-β-D-葡萄糖	0.308 853 67
蔗糖	245.800 681	肌醇	3.445 444 82
麦芽糖	0.117 538 94	D-葡萄糖醛酸	0.015 255 965
乳糖	N/A	葡萄糖	53.788 818 7
2-脱氧-D-葡萄糖	N/A	D-半乳糖醛酸	0.362 596 014
2-脱氧-D-核糖	N/A	D-半乳糖	0.166 412 056
D-甘露糖	N/A	L-岩藻糖	0.284 733 106
D-核糖	N/A	D-果糖	184.032 28
D-(+)-核糖酸-1,4-内酯	0.005 852 698 1	D-阿拉伯糖	0.029 531 356 3
D-木酮糖	0.009 529 820 13	阿拉伯糖醇	0.017 816 995 6
D-木糖	0.108 049 976	N-乙酰氨基葡萄糖	0.009 073 874 57
木糖醇	0.007 059 543 02	甲基 β-D-吡喃半乳糖苷	0.133 760 622
D-山梨醇	0.016 594 263 5	L-鼠李糖	0.022 697 131 7
D-核糖-5-磷酸钡盐	0.051 654 059 3	棉子糖	N/A

三、花青素含量

化合物中文名称	含量（μg/g）	化合物中文名称	含量（μg/g）
矢车菊素-3-O-(6″-O-乙酰)葡萄糖苷	N/A	芍药花素-3-O-(6″-O-乙酰-丙二酰)葡萄糖苷	N/A
矢车菊素-3-O-(6″-对香豆酰)半乳糖苷	N/A	芍药花素-3-O-半乳糖苷	N/A
矢车菊素-3-O-(6″-咖啡酰)鼠李糖苷	N/A	芍药花素-3-O-(乙酰)(丙二酰)半乳糖苷	N/A
矢车菊素-3-O-半乳糖苷	0.017 067 864 9	芍药花素-3-O-(6″-O-乙酰)葡萄糖苷	0.006 752 261 51
矢车菊素-3-O-芸香糖苷	N/A	芍药花素-3-O-葡萄糖苷	N/A
矢车菊素-3-O-葡萄糖苷	N/A	芍药花素-3-O-木糖苷	N/A
飞燕草素-3-O-木糖苷	0.013 230 318	矮牵牛素-3-O-阿拉伯糖苷	N/A
飞燕草素-3-O-芸香糖苷	0.008 844 617 82	矮牵牛素-3-O-半乳糖苷	N/A
飞燕草素-3-O-(6″-O-乙酰)半乳糖苷	N/A	原花青素 B4	N/A
飞燕草素-3-O-槐糖苷	N/A	原花青素 B2	N/A
锦葵色素-3-O-木糖苷	N/A	原花青素 B3	0.077 386 332 2
锦葵色素-3-O-鼠李糖苷	N/A	原花青素 B1	0.238 500 889
锦葵色素	N/A	槲皮素-3-O-葡萄糖苷（异槲皮苷）	N/A
锦葵色素-3-O-葡萄糖苷	0.005 347 145 96	柚皮素	N/A
天竺葵素-3-O-半乳糖苷	N/A		

云芒1号

一、有机酸含量

化合物中文名称	含量（ng/g）	化合物中文名称	含量（ng/g）
（R）-3-羟基丁酸	47 977.656 3	反式-乌头酸	83 709.436 1
齐墩果酸	2.721 931 34	L-苹果酸	731 186.229
戊二酸	N/A	己二酸	986.641 734
4-羟基马尿酸	2.778 183 74	邻氨基苯甲酸	12.458 573 1
乳酸	N/A	壬二酸	737.948 792
对羟基苯乙酸	N/A	顺式-乌头酸	120 542.769
2-羟基-3-甲基丁酸	N/A	富马酸	1 737.897 97
犬尿氨酸	N/A	3-（4-羟基苯基）乳酸	15.206 847
肉桂酸	N/A	α-酮戊二酸	7 944.409 28
3-吲哚乙酸	N/A	泛酸	4 871.288 84
苯乙酰甘氨酸	N/A	L-焦谷氨酸	7 141.791 33
3-羟基异戊酸	N/A	水杨酸	21.426 064 4
5-羟基吲哚-3-乙酸	N/A	辛二酸	143.339 087
乙基丙二酸	N/A	琥珀酸	40 150.364 4
吲哚-3-乙酸	N/A	酒石酸	11 521.672 4
山楂酸	N/A	2-羟基-2-甲基丁酸	4 534.647 1
苯甲酸	N/A	4-氨基丁酸	38 016.781 7
3-（3-羟基苯基）-3-羟基丙酸	N/A	4-香豆酸	164.929 037
3-羟基马尿酸	N/A	对羟基苯甲酸	247.344 649
马尿酸	N/A	咖啡酸	40.645 186
乙酰丙酸	N/A	阿魏酸	63.188 626 8
甲基丙二酸	N/A	没食子酸	2 724.568 47
新绿原酸	N/A	丙酮酸	499.875 336
吲哚-2-羧酸	N/A	莽草酸	16 849.060 2
甲基丁二酸	N/A	牛磺酸	14.010 932 1
3,4-二羟基苯乙酸	N/A	DL-3-苯基乳酸	111.625 432
氢化肉桂酸	N/A	3-甲基己二酸	102.931 53
鼠尾草酸	N/A	邻羟基苯乙酸	4.920 953 2
柠康酸	N/A	5-羟甲基-2-呋喃甲酸	125.954 162
隐绿原酸	N/A	癸二酸	105.078 634
3-羟基苯乙酸	4 940.659 76	氯氨酮	13.835 443
高香草酸	N/A	马来酸	N/A
3-羟基-3-甲基谷氨酸	N/A		

二、糖含量

化合物中文名称	含量（mg/g）	化合物中文名称	含量（mg/g）
苯基-β-D-吡喃葡萄糖苷	N/A	1,5-酐-D-山梨糖醇	0.844 235 531
D-纤维二糖	0.082 303 573 2	D-甘露糖-6-磷酸钠	0.054 801 409 2
海藻糖	0.008 240 885 76	1,6-脱水-β-D-葡萄糖	0.321 976 85
蔗糖	348.930 045	肌醇	5.679 134 37
麦芽糖	0.101 453 85	D-葡萄糖醛酸	0.023 072 370 4
乳糖	N/A	葡萄糖	53.680 322 1
2-脱氧-D-葡萄糖	N/A	D-半乳糖醛酸	0.905 070 961
2-脱氧-D-核糖	N/A	D-半乳糖	0.207 995 974
D-甘露糖	N/A	L-岩藻糖	0.284 934 071
D-核糖	N/A	D-果糖	141.297 836
D-(+)-核糖酸-1,4-内酯	0.006 202 838 45	D-阿拉伯糖	0.042 219 225
D-木酮糖	0.012 839 235	阿拉伯糖醇	0.023 272 471 1
D-木糖	0.297 443 382	N-乙酰氨基葡萄糖	0.012 831 323 6
木糖醇	0.008 382 526 42	甲基 β-D-吡喃半乳糖苷	0.078 969 300 5
D-山梨醇	0.022 244 388 5	L-鼠李糖	0.025 188 928
D-核糖-5-磷酸钡盐	0.055 693 205 8	棉子糖	N/A

三、花青素含量

化合物中文名称	含量（μg/g）	化合物中文名称	含量（μg/g）
矢车菊素-3-O-(6″-O-乙酰)葡萄糖苷	N/A	芍药花素-3-O-(6″-O-乙酰-丙二酰)葡萄糖苷	N/A
矢车菊素-3-O-(6″-对香豆酰)半乳糖苷	N/A	芍药花素-3-O-半乳糖苷	N/A
矢车菊素-3-O-(6″-咖啡酰)鼠李糖苷	N/A	芍药花素-3-O-(乙酰)(丙二酰)半乳糖苷	N/A
矢车菊素-3-O-半乳糖苷	N/A	芍药花素-3-O-(6″-O-乙酰)葡萄糖苷	N/A
矢车菊素-3-O-芸香糖苷	N/A	芍药花素-3-O-葡萄糖苷	N/A
矢车菊素-3-O-葡萄糖苷	N/A	芍药花素-3-O-木糖苷	N/A
飞燕草素-3-O-木糖苷	N/A	矮牵牛素-3-O-阿拉伯糖苷	0.008 268 814 38
飞燕草素-3-O-芸香糖苷	N/A	矮牵牛素-3-O-半乳糖苷	N/A
飞燕草素-3-O-(6″-O-乙酰)半乳糖苷	N/A	原花青素 B4	N/A
飞燕草素-3-O-槐糖苷	0.015 788 244 8	原花青素 B2	N/A
锦葵色素-3-O-木糖苷	N/A	原花青素 B3	0.036 563 926 5
锦葵色素-3-O-鼠李糖苷	N/A	原花青素 B1	0.214 786 912
锦葵色素	N/A	槲皮素-3-O-葡萄糖苷（异槲皮苷）	N/A
锦葵色素-3-O-葡萄糖苷	0.006 405 150 47	柚皮素	0.008 338 315 49
天竺葵素-3-O-半乳糖苷	N/A		

云芒 2 号

一、有机酸含量

化合物中文名称	含量（ng/g）	化合物中文名称	含量（ng/g）
（R）-3-羟基丁酸	1 144.941 36	反式-乌头酸	N/A
齐墩果酸	2.585 768 24	L-苹果酸	1 665 722.52
戊二酸	N/A	己二酸	8.179 795 27
4-羟基马尿酸	4.013 168 36	邻氨基苯甲酸	2.948 081 89
乳酸	N/A	壬二酸	155.182 866
对羟基苯乙酸	N/A	顺式-乌头酸	597 081.097
2-羟基-3-甲基丁酸	N/A	富马酸	5 781.117 07
犬尿氨酸	N/A	3-（4-羟基苯基）乳酸	32.294 374 9
肉桂酸	N/A	α-酮戊二酸	22 395.348 8
3-吲哚乙酸	N/A	泛酸	11 059.829 1
苯乙酰甘氨酸	N/A	L-焦谷氨酸	3 081.017 69
3-羟基异戊酸	N/A	水杨酸	11.548 002 4
5-羟基吲哚-3-乙酸	N/A	辛二酸	9.998 310 48
乙基丙二酸	N/A	琥珀酸	40 321.904 2
吲哚-3-乙酸	N/A	酒石酸	12 697.674 4
山楂酸	N/A	2-羟基-2-甲基丁酸	928.212 085
苯甲酸	N/A	4-氨基丁酸	65 585.470 1
3-（3-羟基苯基）-3-羟基丙酸	N/A	4-香豆酸	82.059 431 5
3-羟基马尿酸	N/A	对羟基苯甲酸	290.295 17
马尿酸	N/A	咖啡酸	62.305 108 3
乙酰丙酸	N/A	阿魏酸	157.480 62
甲基丙二酸	N/A	没食子酸	2 490.856 69
新绿原酸	N/A	丙酮酸	716.545 418
吲哚-2-羧酸	N/A	莽草酸	16 269.926 5
甲基丁二酸	N/A	牛磺酸	49.974 855 9
3,4-二羟基苯乙酸	N/A	DL-3-苯基乳酸	10.778 771 6
氢化肉桂酸	N/A	3-甲基己二酸	N/A
鼠尾草酸	N/A	邻羟基苯乙酸	3.701 500 7
柠康酸	N/A	5-羟甲基-2-呋喃甲酸	N/A
隐绿原酸	N/A	癸二酸	N/A
3-羟基苯乙酸	3 500.983 9	氯氨酮	4.669 340 09
高香草酸	N/A	马来酸	N/A
3-羟基-3-甲基谷氨酸	261.523 554		

二、糖含量

化合物中文名称	含量（mg/g）	化合物中文名称	含量（mg/g）
苯基-β-D-吡喃葡萄糖苷	N/A	1,5-酐-D-山梨糖醇	0.474 674 33
D-纤维二糖	0.301 285 441	D-甘露糖-6-磷酸钠	0.086 252 490 4
海藻糖	0.008 814 118 77	1,6-脱水-β-D-葡萄糖	0.250 011 494
蔗糖	221.201 149	肌醇	4.184 252 87
麦芽糖	0.096 792 145 6	D-葡萄糖醛酸	0.023 485 440 6
乳糖	N/A	葡萄糖	144.753 065
2-脱氧-D-葡萄糖	N/A	D-半乳糖醛酸	0.024 368 199 2
2-脱氧-D-核糖	N/A	D-半乳糖	0.136 979 693
D-甘露糖	N/A	L-岩藻糖	0.238 925 287
D-核糖	N/A	D-果糖	213.626 437
D-(+)-核糖酸-1,4-内酯	0.008 034 099 62	D-阿拉伯糖	0.018 824 540 2
D-木酮糖	0.004 794 789 27	阿拉伯糖醇	0.017 546 072 8
D-木糖	0.297 860 153	N-乙酰氨基葡萄糖	0.005 775 153 26
木糖醇	0.013 234 195 4	甲基β-D-吡喃半乳糖苷	0.057 812 452 1
D-山梨醇	0.038 086 206 9	L-鼠李糖	0.015 451 896 6
D-核糖-5-磷酸钡盐	0.038 797 892 7	棉子糖	N/A

三、花青素含量

化合物中文名称	含量（μg/g）	化合物中文名称	含量（μg/g）
矢车菊素-3-O-(6″-O-乙酰)葡萄糖苷	N/A	芍药花素-3-O-(6″-O-乙酰-丙二酰)葡萄糖苷	N/A
矢车菊素-3-O-(6″-对香豆酰)半乳糖苷	N/A	芍药花素-3-O-半乳糖苷	0.009 236 884 91
矢车菊素-3-O-(6″-咖啡酰)鼠李糖苷	N/A	芍药花素-3-O-(乙酰)(丙二酰)半乳糖苷	N/A
矢车菊素-3-O-半乳糖苷	0.005 185 847 91	芍药花素-3-O-(6″-O-乙酰)葡萄糖苷	N/A
矢车菊素-3-O-芸香糖苷	N/A	芍药花素-3-O-葡萄糖苷	N/A
矢车菊素-3-O-葡萄糖苷	N/A	芍药花素-3-O-木糖苷	N/A
飞燕草素-3-O-木糖苷	N/A	矮牵牛素-3-O-阿拉伯糖苷	N/A
飞燕草素-3-O-芸香糖苷	N/A	矮牵牛素-3-O-半乳糖苷	N/A
飞燕草素-3-O-(6″-O-乙酰)半乳糖苷	N/A	原花青素 B4	N/A
飞燕草素-3-O-槐糖苷	N/A	原花青素 B2	N/A
锦葵色素-3-O-木糖苷	N/A	原花青素 B3	0.039 846 279
锦葵色素-3-O-鼠李糖苷	N/A	原花青素 B1	0.169 765 758
锦葵色素	N/A	槲皮素-3-O-葡萄糖苷(异槲皮苷)	N/A
锦葵色素-3-O-葡萄糖苷	0.007 081 679 54	柚皮素	N/A
天竺葵素-3-O-半乳糖苷	N/A		

云芒 3 号

一、有机酸含量

化合物中文名称	含量（ng/g）	化合物中文名称	含量（ng/g）
（R）-3-羟基丁酸	5 675.841 04	反式-乌头酸	89 584.419 7
齐墩果酸	39.597 245 6	L-苹果酸	772 645.08
戊二酸	1 701.955 42	己二酸	277.536 796
4-羟基马尿酸	2.948 759 46	邻氨基苯甲酸	2.797 035 32
乳酸	N/A	壬二酸	951.026 072
对羟基苯乙酸	N/A	顺式-乌头酸	144 851.766
2-羟基-3-甲基丁酸	N/A	富马酸	5 142.735 49
犬尿氨酸	N/A	3-（4-羟基苯基）乳酸	5.650 073 59
肉桂酸	N/A	α-酮戊二酸	9 716.726 24
3-吲哚乙酸	N/A	泛酸	10 890.664 4
苯乙酰甘氨酸	N/A	L-焦谷氨酸	3 909.587 89
3-羟基异戊酸	N/A	水杨酸	13.671 677 9
5-羟基吲哚-3-乙酸	N/A	辛二酸	368.719 512
乙基丙二酸	N/A	琥珀酸	54 869.743 5
吲哚-3-乙酸	N/A	酒石酸	12 295.100 9
山楂酸	N/A	2-羟基-2-甲基丁酸	311.341 463
苯甲酸	N/A	4-氨基丁酸	74 534.903 3
3-（3-羟基苯基）-3-羟基丙酸	N/A	4-香豆酸	22.243 271 7
3-羟基马尿酸	N/A	对羟基苯甲酸	475.919 891
马尿酸	N/A	咖啡酸	28.423 780 5
乙酰丙酸	N/A	阿魏酸	45.736 438 2
甲基丙二酸	N/A	没食子酸	876.114 382
新绿原酸	N/A	丙酮酸	365.212 363
吲哚-2-羧酸	N/A	莽草酸	45 000.420 5
甲基丁二酸	N/A	牛磺酸	59.616 694 7
3,4-二羟基苯乙酸	N/A	DL-3-苯基乳酸	116.126 997
氢化肉桂酸	N/A	3-甲基己二酸	77.759 356 6
鼠尾草酸	N/A	邻羟基苯乙酸	8.009 135 83
柠康酸	N/A	5-羟甲基-2-呋喃甲酸	59.267 872 2
隐绿原酸	N/A	癸二酸	199.461 733
3-羟基苯乙酸	3 110.428 93	氯氨酮	18.701 324 6
高香草酸	N/A	马来酸	N/A
3-羟基-3-甲基谷氨酸	N/A		

二、糖含量

化合物中文名称	含量（mg/g）	化合物中文名称	含量（mg/g）
苯基-β-D-吡喃葡萄糖苷	N/A	1,5-酐-D-山梨糖醇	0.543 145 332
D-纤维二糖	0.183 584 986	D-甘露糖-6-磷酸钠	0.071 959 384
海藻糖	0.008 865 986 53	1,6-脱水-β-D-葡萄糖	0.261 077 96
蔗糖	227.982 676	肌醇	4.916 092 4
麦芽糖	0.259 016 362	D-葡萄糖醛酸	0.024 060 827 7
乳糖	N/A	葡萄糖	101.743 022
2-脱氧-D-葡萄糖	N/A	D-半乳糖醛酸	0.703 393 648
2-脱氧-D-核糖	N/A	D-半乳糖	0.189 544 755
D-甘露糖	N/A	L-岩藻糖	0.245 489 894
D-核糖	N/A	D-果糖	177.195 573
D-(+)-核糖酸-1,4-内酯	0.007 570 182 87	D-阿拉伯糖	0.031 422 714 1
D-木酮糖	0.007 819 711 26	阿拉伯糖醇	0.015 958 652 6
D-木糖	0.192 401 732	N-乙酰氨基葡萄糖	0.009 257 901 83
木糖醇	0.007 239 037 54	甲基β-D-吡喃半乳糖苷	0.091 364 966 3
D-山梨醇	0.023 289 509 1	L-鼠李糖	0.017 047 873
D-核糖-5-磷酸钡盐	0.057 692 974	棉子糖	N/A

三、花青素含量

化合物中文名称	含量（μg/g）	化合物中文名称	含量（μg/g）
矢车菊素-3-O-(6″-O-乙酰)葡萄糖苷	N/A	芍药花素-3-O-(6″-O-乙酰-丙二酰)葡萄糖苷	0.002 109 962 44
矢车菊素-3-O-(6″-对香豆酰)半乳糖苷	N/A	芍药花素-3-O-半乳糖苷	N/A
矢车菊素-3-O-(6″-咖啡酰)鼠李糖苷	N/A	芍药花素-3-O-(乙酰)(丙二酰)半乳糖苷	N/A
矢车菊素-3-O-半乳糖苷	N/A	芍药花素-3-O-(6″-O-乙酰)葡萄糖苷	N/A
矢车菊素-3-O-芸香糖苷	N/A	芍药花素-3-O-葡萄糖苷	N/A
矢车菊素-3-O-葡萄糖苷	N/A	芍药花素-3-O-木糖苷	N/A
飞燕草素-3-O-木糖苷	0.019 075 014 8	矮牵牛素-3-O-阿拉伯糖苷	N/A
飞燕草素-3-O-芸香糖苷	N/A	矮牵牛素-3-O-半乳糖苷	N/A
飞燕草素-3-O-(6″-O-乙酰)半乳糖苷	N/A	原花青素 B4	0.024 311 919 4
飞燕草素-3-O-槐糖苷	N/A	原花青素 B2	0.065 664 558 2
锦葵色素-3-O-木糖苷	N/A	原花青素 B3	0.036 928 839 7
锦葵色素-3-O-鼠李糖苷	N/A	原花青素 B1	1.787 258 35
锦葵色素	N/A	槲皮素-3-O-葡萄糖苷（异槲皮苷）	N/A
锦葵色素-3-O-葡萄糖苷	0.006 939 276 54	柚皮素	N/A
天竺葵素-3-O-半乳糖苷	0.004 376 655 47		

云芒 4 号

一、有机酸含量

化合物中文名称	含量（ng/g）	化合物中文名称	含量（ng/g）
（R）-3-羟基丁酸	2 835.943 28	反式-乌头酸	103 179.203
齐墩果酸	N/A	L-苹果酸	1 462 011.92
戊二酸	1 027.326 35	己二酸	206.036 786
4-羟基马尿酸	N/A	邻氨基苯甲酸	1.590 731 61
乳酸	5 033.353 88	壬二酸	880.310 316
对羟基苯乙酸	19.410 398 7	顺式-乌头酸	146 651.254
2-羟基-3-甲基丁酸	N/A	富马酸	4 000.369 91
犬尿氨酸	6.555 374 02	3-（4-羟基苯基）乳酸	9.746 732 43
肉桂酸	N/A	α-酮戊二酸	50 241.163 2
3-吲哚乙酸	N/A	泛酸	6 538.758 73
苯乙酰甘氨酸	N/A	L-焦谷氨酸	2 425.667 9
3-羟基异戊酸	N/A	水杨酸	36.594 122 5
5-羟基吲哚-3-乙酸	N/A	辛二酸	333.330 251
乙基丙二酸	N/A	琥珀酸	46 481.607 1
吲哚-3-乙酸	N/A	酒石酸	9 800.400 74
山楂酸	N/A	2-羟基-2-甲基丁酸	3 324.342 38
苯甲酸	N/A	4-氨基丁酸	110 972.051
3-（3-羟基苯基）-3-羟基丙酸	N/A	4-香豆酸	52.683 929 3
3-羟基马尿酸	N/A	对羟基苯甲酸	230.947 39
马尿酸	N/A	咖啡酸	97.212 083 8
乙酰丙酸	N/A	阿魏酸	77.721 845 5
甲基丙二酸	N/A	没食子酸	2 239.046 44
新绿原酸	N/A	丙酮酸	1 052.394 16
吲哚-2-羧酸	N/A	莽草酸	28 245.478 8
甲基丁二酸	N/A	牛磺酸	40.009 247 8
3,4-二羟基苯乙酸	N/A	DL-3-苯基乳酸	228.160 707
氢化肉桂酸	N/A	3-甲基己二酸	50.653 514 2
鼠尾草酸	N/A	邻羟基苯乙酸	2.239 395 81
柠康酸	N/A	5-羟甲基-2-呋喃甲酸	177.564 735
隐绿原酸	N/A	癸二酸	45.924 578 7
3-羟基苯乙酸	2 843.732 02	氯氨酮	8.307 028 36
高香草酸	N/A	马来酸	N/A
3-羟基-3-甲基谷氨酸	N/A		

二、糖含量

化合物中文名称	含量（mg/g）	化合物中文名称	含量（mg/g）
苯基-β-D-吡喃葡萄糖苷	N/A	1,5-酐-D-山梨糖醇	1.967 822 74
D-纤维二糖	0.092 488 053 9	D-甘露糖-6-磷酸钠	0.068 840 269 7
海藻糖	0.008 097 186 9	1,6-脱水-β-D-葡萄糖	0.394 044 316
蔗糖	310.998 073	肌醇	1.467 055 88
麦芽糖	0.055 009 826 6	D-葡萄糖醛酸	0.015 662 003 9
乳糖	N/A	葡萄糖	34.675 529 9
2-脱氧-D-葡萄糖	N/A	D-半乳糖醛酸	0.029 544 316
2-脱氧-D-核糖	N/A	D-半乳糖	0.066 550 674 4
D-甘露糖	N/A	L-岩藻糖	0.262 389 21
D-核糖	N/A	D-果糖	106.106 744
D-(+)-核糖酸-1,4-内酯	0.005 735 433 53	D-阿拉伯糖	0.020 000 963 4
D-木酮糖	0.007 980 385 36	阿拉伯糖醇	0.014 969 287 1
D-木糖	0.127 389 403	N-乙酰氨基葡萄糖	0.009 598 593 45
木糖醇	0.010 834 951 8	甲基 β-D-吡喃半乳糖苷	0.035 212 716 8
D-山梨醇	0.019 135 510 6	L-鼠李糖	0.027 456 454 7
D-核糖-5-磷酸钡盐	0.054 476 107 9	棉子糖	N/A

三、花青素含量

化合物中文名称	含量（μg/g）	化合物中文名称	含量（μg/g）
矢车菊素-3-O-(6″-O-乙酰)葡萄糖苷	N/A	芍药花素-3-O-(6″-O-乙酰-丙二酰)葡萄糖苷	N/A
矢车菊素-3-O-(6″-对香豆酰)半乳糖苷	N/A	芍药花素-3-O-半乳糖苷	0.013 119 809 3
矢车菊素-3-O-(6″-咖啡酰)鼠李糖苷	N/A	芍药花素-3-O-(乙酰)(丙二酰)半乳糖苷	N/A
矢车菊素-3-O-半乳糖苷	N/A	芍药花素-3-O-(6″-O-乙酰)葡萄糖苷	N/A
矢车菊素-3-O-芸香糖苷	N/A	芍药花素-3-O-葡萄糖苷	N/A
矢车菊素-3-O-葡萄糖苷	N/A	芍药花素-3-O-木糖苷	N/A
飞燕草素-3-O-木糖苷	N/A	矮牵牛素-3-O-阿拉伯糖苷	N/A
飞燕草素-3-O-芸香糖苷	N/A	矮牵牛素-3-O-半乳糖苷	0.001 140 359 63
飞燕草素-3-O-(6″-O-乙酰)半乳糖苷	N/A	原花青素 B4	N/A
飞燕草素-3-O-槐糖苷	0.008 906 338 17	原花青素 B2	N/A
锦葵色素-3-O-木糖苷	N/A	原花青素 B3	N/A
锦葵色素-3-O-鼠李糖苷	N/A	原花青素 B1	0.041 799 125 8
锦葵色素	N/A	槲皮素-3-O-葡萄糖苷(异槲皮苷)	N/A
锦葵色素-3-O-葡萄糖苷	0.005 707 093 18	柚皮素	N/A
天竺葵素-3-O-半乳糖苷	0.000 960 894 099		

紫花芒

一、有机酸含量

化合物中文名称	含量（ng/g）	化合物中文名称	含量（ng/g）
（R）-3-羟基丁酸	7 928.854 17	反式-乌头酸	110 670.833
齐墩果酸	N/A	L-苹果酸	1 587 239.58
戊二酸	N/A	己二酸	1 269.072 92
4-羟基马尿酸	N/A	邻氨基苯甲酸	1.287 562 5
乳酸	N/A	壬二酸	554.833 333
对羟基苯乙酸	N/A	顺式-乌头酸	167 265.625
2-羟基-3-甲基丁酸	N/A	富马酸	4 831.635 42
犬尿氨酸	N/A	3-（4-羟基苯基）乳酸	10.178 395 8
肉桂酸	52.836 458 3	α-酮戊二酸	31 663.854 2
3-吲哚乙酸	N/A	泛酸	8 956.552 08
苯乙酰甘氨酸	N/A	L-焦谷氨酸	4 186.125
3-羟基异戊酸	N/A	水杨酸	11.046 354 2
5-羟基吲哚-3-乙酸	N/A	辛二酸	176.033 333
乙基丙二酸	N/A	琥珀酸	42 594.375
吲哚-3-乙酸	N/A	酒石酸	11 280
山楂酸	N/A	2-羟基-2-甲基丁酸	1 197.333 33
苯甲酸	N/A	4-氨基丁酸	51 257.083 3
3-（3-羟基苯基）-3-羟基丙酸	N/A	4-香豆酸	309.131 25
3-羟基马尿酸	N/A	对羟基苯甲酸	144.625
马尿酸	N/A	咖啡酸	30.326 666 7
乙酰丙酸	N/A	阿魏酸	74.661 770 8
甲基丙二酸	N/A	没食子酸	1 938.635 42
新绿原酸	N/A	丙酮酸	1 010.296 88
吲哚-2-羧酸	N/A	莽草酸	33 742.5
甲基丁二酸	N/A	牛磺酸	37.886 041 7
3,4-二羟基苯乙酸	N/A	DL-3-苯乳酸	59.435 625
氢化肉桂酸	N/A	3-甲基己二酸	25.758 437 5
鼠尾草酸	N/A	邻羟基苯乙酸	16.728 333 3
柠康酸	N/A	5-羟甲基-2-呋喃甲酸	177.330 208
隐绿原酸	N/A	癸二酸	82.245 312 5
3-羟基苯乙酸	5 606.229 17	氯氨酮	4.396 072 92
高香草酸	N/A	马来酸	N/A
3-羟基-3-甲基谷氨酸	263.492 708		

二、糖含量

化合物中文名称	含量（mg/g）	化合物中文名称	含量（mg/g）
苯基-β-D-吡喃葡萄糖苷	N/A	1,5-酐-D-山梨糖醇	0.595 658 37
D-纤维二糖	0.103 936 75	D-甘露糖-6-磷酸钠	0.069 525 427
海藻糖	0.009 370 678 38	1,6-脱水-β-D-葡萄糖	0.523 416 301
蔗糖	219.467 057	肌醇	4.471 644 7
麦芽糖	0.055 295 070 8	D-葡萄糖醛酸	0.017 979 560 8
乳糖	N/A	葡萄糖	74.477 110 8
2-脱氧-D-葡萄糖	N/A	D-半乳糖醛酸	0.059 295 266
2-脱氧-D-核糖	N/A	D-半乳糖	0.104 211 42
D-甘露糖	N/A	L-岩藻糖	0.270 731 088
D-核糖	N/A	D-果糖	168.031 43
D-(+)-核糖酸-1,4-内酯	0.006 535 344 07	D-阿拉伯糖	0.024 342 801 4
D-木酮糖	0.009 817 413 37	阿拉伯糖醇	0.018 990 492 9
D-木糖	0.194 557 345	N-乙酰氨基葡萄糖	0.009 711 039 53
木糖醇	0.010 734 114 2	甲基β-D-吡喃半乳糖苷	0.086 498 975 1
D-山梨醇	0.024 397 071 7	L-鼠李糖	0.023 715 568 6
D-核糖-5-磷酸钡盐	0.040 972 572	棉子糖	N/A

三、花青素含量

化合物中文名称	含量（μg/g）	化合物中文名称	含量（μg/g）
矢车菊素-3-O-(6″-O-乙酰)葡萄糖苷	N/A	芍药花素-3-O-(6″-O-乙酰-丙二酰)葡萄糖苷	N/A
矢车菊素-3-O-(6″-对香豆酰)半乳糖苷	N/A	芍药花素-3-O-半乳糖苷	N/A
矢车菊素-3-O-(6″-咖啡酰)鼠李糖苷	0.001 397 286 49	芍药花素-3-O-(乙酰)(丙二酰)半乳糖苷	N/A
矢车菊素-3-O-半乳糖苷	N/A	芍药花素-3-O-(6″-O-乙酰)葡萄糖苷	N/A
矢车菊素-3-O-芸香糖苷	N/A	芍药花素-3-O-葡萄糖苷	N/A
矢车菊素-3-O-葡萄糖苷	N/A	芍药花素-3-O-木糖苷	N/A
飞燕草素-3-O-木糖苷	N/A	矮牵牛素-3-O-阿拉伯糖苷	N/A
飞燕草素-3-O-芸香糖苷	0.006 336 159 9	矮牵牛素-3-O-半乳糖苷	N/A
飞燕草素-3-O-(6″-O-乙酰)半乳糖苷	N/A	原花青素 B4	N/A
飞燕草素-3-O-槐糖苷	N/A	原花青素 B2	N/A
锦葵色素-3-O-木糖苷	N/A	原花青素 B3	0.043 001 009 5
锦葵色素-3-O-鼠李糖苷	N/A	原花青素 B1	0.102 713 305
锦葵色素	N/A	槲皮素-3-O-葡萄糖苷(异槲皮苷)	N/A
锦葵色素-3-O-葡萄糖苷	0.008 101 372 91	柚皮素	N/A
天竺葵素-3-O-半乳糖苷	N/A		

第三部分

分　析

种质分析

70 份芒果种质中，有 51 份分别属于吕宋系、美国系、缅甸系、泰国系、印度系、印尼系和中国系 7 个系谱，另 19 份种质系谱来源不确定。对这些不同系谱的 70 份芒果种质分别使用有机酸含量、糖含量、花青素含量及 3 类成分含量综合结果进行聚类分析，结果显示，这 3 类成分的含量与芒果种质的来源无明显关系。种质名称及系谱编号如下表。

种质名称	种质编号	系谱	系谱编号
高州吕宋	GZLS	吕宋系	LS
金龙	JL	吕宋系	LS
金穗	JS	吕宋系	LS
柳州吕宋	LZLS	吕宋系	LS
龙眼香芒	LYXM	吕宋系	LS
乳芒	RM	吕宋系	LS
台农 1 号	TN1	吕宋系	LS
夏茅芒	XMM	吕宋系	LS
爱文	AW	美国系	MG
东镇红芒	DZHM	美国系	MG
贵妃	GF	美国系	MG
黑登	HD	美国系	MG
凯特	KAIT	美国系	MG
肯特	KENT	美国系	MG
圣心芒	SXM	美国系	MG
台农 2 号	TN2	美国系	MG
汤姆	TM	美国系	MG
安宁红芒	ANHM	缅甸系	MD
广农研究 2 号	GN2	缅甸系	MD
虎豹牙	HBY	缅甸系	MD
龙芒	LM	缅甸系	MD
马切苏	MQS	缅甸系	MD
缅甸 3 号	MD3	缅甸系	MD
缅甸 4 号	MD4	缅甸系	MD
缅甸 5 号	MD5	缅甸系	MD
白象牙	BXY	泰国系	TG
大白玉	DBY	泰国系	TG
红象牙	HXY	泰国系	TG
金白花	JBH	泰国系	TG
生吃芒	SCM	泰国系	TG

种质名称	种质编号	系谱	系谱编号
四季芒	SJM	泰国系	TG
四季蜜芒	SJMM	泰国系	TG
泰国芒	TGM	泰国系	TG
暹罗芒	XLM	泰国系	TG
粤西1号	YX1	泰国系	TG
紫花芒	ZHM	泰国系	TG
811	BYY	印度系	YD
905	JLW	印度系	YD
90-15	JLYW	印度系	YD
矮芒	AM	印度系	YD
大果秋芒	DGQM	印度系	YD
桂七芒	GQM	印度系	YD
红云	HY	印度系	YD
龙井	LJ	印度系	YD
秋芒	Q1M	印度系	YD
椰香	YX	印度系	YD
留香芒	LXM	印尼系	YN
奶油香芒	NYXM	印尼系	YN
大三年	DSN	中国系	ZG
桂热10号	GR10	中国系	ZG
三年芒	SNM	中国系	ZG
白玉	BY	未知	WZ
大象牙	DXY	未知	WZ
桂热3号	GR3	未知	WZ
红鹰芒	HYM	未知	WZ
红云5号	HY5	未知	WZ
金煌	JH	未知	WZ
镰刀芒	LDM	未知	WZ
吕宋	LS	未知	WZ
马切苏变种	MQSB	未知	WZ
球芒	Q2M	未知	WZ
热农1号	RN1	未知	WZ
硕帅芒	SSM	未知	WZ
桃红芒	THM	未知	WZ
香蕉芒	XJM	未知	WZ
小象牙	XXY	未知	WZ
云芒1号	YM1	未知	WZ
云芒2号	YM2	未知	WZ
云芒3号	YM3	未知	WZ
云芒4号	YM4	未知	WZ

聚类分析

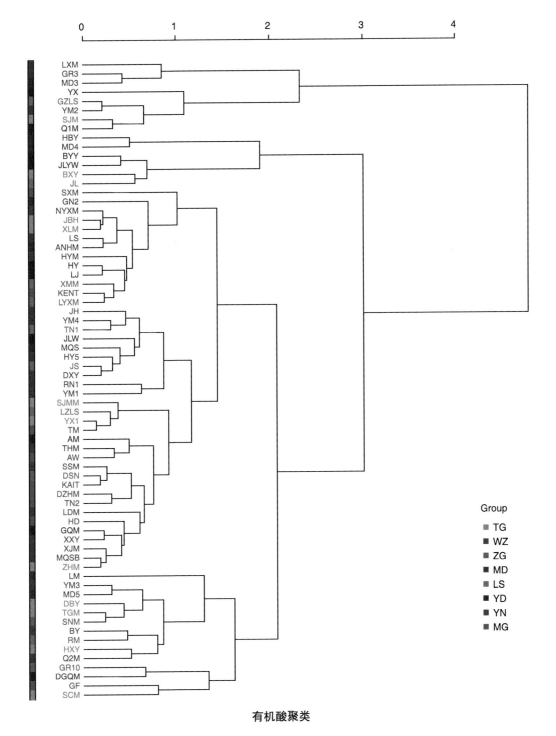

有机酸聚类

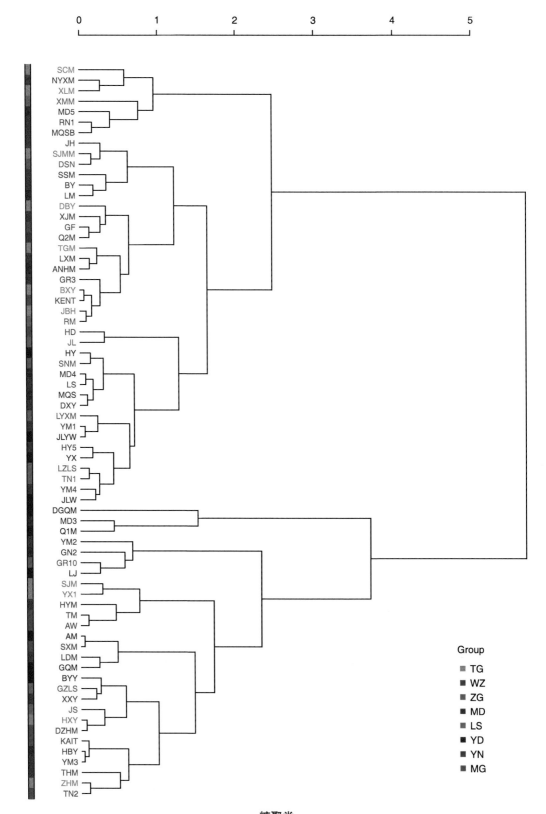

糖聚类

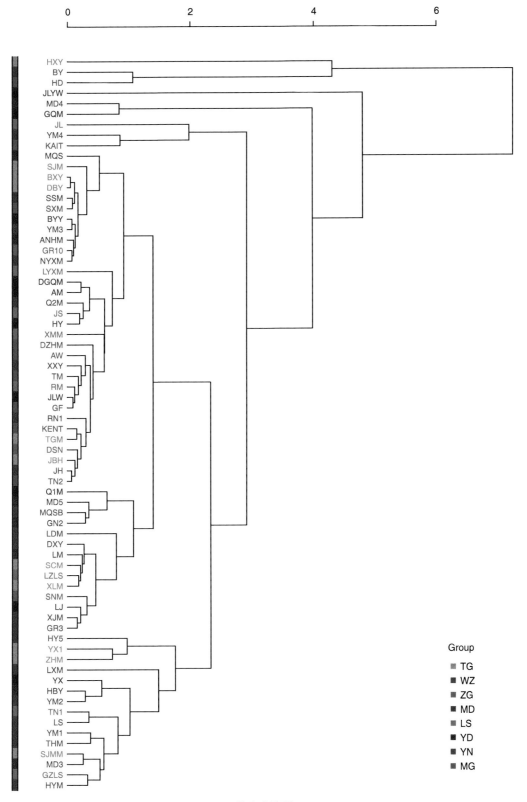

花青素聚类